宿文渊

编著

不要在该动脑子的时候
动 感 情

中国华侨出版社

北京

有位哲人说过，一个人从 1 岁活到 80 岁很平凡，但如果从 80 岁倒着活，那么一半以上的人都将是伟人。很多人在年老的时候会发出这样的感叹："如果我年轻时懂得这些就好了。"但人生如棋，落子无悔。20 岁的时候，我们不动脑子动感觉；30 岁的时候，我们不动脑子动感情；40 岁的时候，我们不动脑子动经验……因此，生命中遇到的问题，都是为你量身定做的，每一场痛苦背后，都有一个活该：股市中，不动脑子只会赔个精光；职场上的很多错误，是因为在该动脑子的时候动了感情；爱情中受伤的人，不是傻，而是在动脑子的时候动了感情……动脑子，不是不动感情，而是要会控制我们的情绪。幸福成功的信条里，情商比智商更重要。

不动脑子只动感情，爱情怎么会找上你？

不动脑子只动感情，生活怎么会爱上你？

不动脑子只动感情，成功怎么会傍上你？

人生的道路虽然漫长，但关键处通常只有几步，我们不能什么事情都等到过后才后悔，不能什么道理都等到事后才明白。有些事情，如果在我们年轻的时候就去做；有些道理，如果在我们年轻时期就能懂得，那么，在未来的三十几岁、四十几岁以及更长的人生道路上，我们就可以少走一些弯路，少经历一些失败，避开工作和生活中的陷阱及情感的暗礁，早一天实现自己的理想，获得成功和幸福。

　　年轻人还刚刚站在社会人生的入口，没有经验和阅历，容易感情用事。为此，他们常常在该动脑子的时候动感情，并为此迷茫困惑，在十字路口徘徊，难以抉择。而对于年轻人来说，现在的迷茫，会造成 10 年后的恐慌，20 年后的挣扎，甚至一辈子的平庸。如果不能尽快冲出困惑，拨开迷雾，就无颜面对 10 年后、20 年后的自己。越早找到方向，越早走出困惑，就越容易在人生道路上取得成就、创造辉煌。

　　本书正是无数成功人士拼搏人生的智慧和经验的总结，每一条都是前人在实践中摸爬滚打，走了无数条弯路，摔了无数次跤，经受了无数次挫折才得来的，为处于人生十字路口不知何去何从的年轻人带来了实质性的指导，引导他们在情感、职场和生活中，如何在该动脑子的时候动脑子，该动感情的时候动感情，帮助他们平衡理智和情感，从而在事业上和生活中获得了成功和幸福。

不要在该动脑子的时候
动感情

第1章

不做攀附的凌霄花，以树的姿态卓然独立

不要在该动脑子的时候
动感情

第4章

你的孤独，虽败犹荣

第5章

受苦的人，没有悲观的权利

第6章

别以为世界抛弃了你，世界根本没空搭理你

第7章

不念过去不畏将来，一切都是最好的安排

第8章

生活虐我千百遍，我待生活如初恋

第 1 章 /

不做攀附的凌霄花，

以树的姿态卓然独立

不过分依赖别人，才能自立于世

上天宠爱那些独立自主、自力更生的人，自立精神是个人发展与进步的动力和根源，生活中各个领域里都少不了它，它是一个人内心强大的真正源泉。

依赖别人会使人失去独立自主性。依赖别人的人不能独立，缺乏创业的勇气，其决断力较差，会陷入犹豫不决的困境，一直需要别人的鼓励和支持，借助别人的扶助和判断。

自力更生与依赖他人是两种完全不同的生活方式，表面看起来二者没有任何联系，甚至是相互排斥不可结合的，但实际上它们之间又存在着一些联系。

人们经常听到这样一句话"人的命，天注定"，其实真正掌握命运的人是自己。一个只盼着上天为自己赐福的人，将永远受制于人，或被人、物所"奴役"，永远享受不到幸福、成功的甘

不要在该动脑子的时候
动感情

甜。人在发展、创业的道路上，需要一种坦然的、平静的、自由自在的心理状态。自主是创新的催化剂，如果不能独立做人、自主办事，那么你将注定"享受"平庸。人生最大的悲哀，莫过于别人替自己选择，那样便成了一个被他人操纵的机器，完全失去了自我意识，这样的人生也是可悲的。

心理学家布伯曾说："凡失败者，皆不知自己为何失败；凡成功者，皆能非常清晰地认识自己。"这里所谓的失败者是指那些不具备独立精神的人；而成功者，在人们眼里其责任心非常强，而且具备顽强的自主能力，他们不会以他人的意志为转移，做任何事情都有一定的主见，换个说法就是，能掌控自己的命运。

一位身有残疾的年轻人，并没有因命运的不公而放弃努力，他以 50 元起步，一直到成为报贩之王，闯出了自己的一片天地。他没有靠谁的青睐、谁的施舍来打天下，而是凭着自强不息和聪明才智取得了成功。

他给人们传授了成功的经验，就是自己掌控命运，不被困难打倒，不能把人生设计成打工一族。打工只是初闯天下的权宜之计，并不是自己要走的路，更不是自己想开辟的那片天地。他们懂得坚持原则，同时也要有灵活的策略。他们擅于把握时机，摸准"气候"，适时适度，有理有节。如有需要，"该出手时就出手"，有时需收敛锋芒，攥紧拳头，静观事态发展；有时需要针锋相对，有时又需要互助友爱；有时需要融入群体，有时又需要潜心独处；有时需要紧张工作，有时又需要放松休闲；有时需要坚决抗衡，有时又需要果断退兵；有时需要陈述己见，有时又需要沉默以对；有时要善握良机，有时又需要静心守候。人生中，有许多既对立又统一的东西，能辩证待之，方能取得人生的主动权。

擅于驾驭自己命运的人，是最容易取得成功的。在生活的道路上，不要总是让别人牵着走，听凭他人摆布，要有自主意识，绝不能出让驾驭自身命运的权利。

与独立自主的人相比，依赖者会表现出有缺陷的性格倾向——好吃懒做，坐享其成，他们会形成一些特有的症状。他们缺乏社会安全感，于是跟别人保持距离；他们需要别人提供意见，或依赖媒体的报道，经常受外界影响，自己好像没有判断能力；他们潜藏着脆弱，没有机智应变的能力。

生活的真正实质在于独立。如果向一个有依赖性的人问一些问题的话，就会惊奇地发现，他最钦佩的正是那些敢于独立思考、独立行事的人。正因为这样，如果你选择了独立，肯定会活出自己的精彩。

依靠自己成功

1987年的春天，加德纳和夫人埃伦携带1986年1月刚从中国台湾收养的中国男孩本杰明·加德纳，在南京逗留了一个月。他们夫妻带着孩子，出入幼儿园和小学，进行艺术教育的调研和交流，住在南京当时最好的金陵饭店。

金陵饭店是一家位于市中心的豪华宾馆，条件优越，设施齐全，无可挑剔。但是，房间的一把钥匙和儿子本杰明的故事，引发了加德纳对于中国的传统教育和美中教育的比较。

房间的钥匙附着在一个较大的塑料牌子上，牌子上注明了房间号码。宾馆要求客人在离开饭店的时候，连塑料牌子一起留下房间的钥匙。要么交给服务员，要么通过一个插孔，将钥匙放进特定的插座中去。由于插座上的孔是长方形的而且很狭窄，钥匙后面又连着塑料牌，所以必须小心地摆好位置，才能将钥匙紧贴着插座上的钥匙孔放进去。

当时他们的养子本杰明只有一岁半，却非常喜欢携带这把钥匙，并摇晃它使之发出声响。他还喜欢从插座上钥匙孔附近的地方，试着移动钥匙，力图将它插进钥匙孔。由于他年龄太小，又没有使用经验，经常失败。但是本杰明不在乎，可能是喜欢听钥匙与门的撞击声音，或者喜欢这么做时的感觉，他一次又一次地努力，并从中获得极大的快乐。但他往往要失败好几次，钥匙才能进入钥匙孔。

加德纳和妻子埃伦非常高兴本杰明这么做。因为他们一般没有急事，也不认为这种失败有害，本杰明也就有足够的时间尝试这种游戏。但是加德纳夫妇很快就发现附近的服务员，甚至偶尔从旁路过的旅客，都会过来观看。只要他们看到本杰明失败了，就忍不住要"帮忙"。他们把着孩子的手，将钥匙朝向钥匙孔，必要时纠正本杰明的方向，帮助他把钥匙插进孔中。然后，他们就向加德纳和埃伦露出微笑，似乎等待一声感谢。

加德纳夫妇并不愿意表示感谢。因为本杰明没有到处乱跑，旁人没有监护和帮助的必要。父母就在旁边，而且知道他在干什么，并没有进行干预，旁人的"帮忙"使加德纳夫妇非常尴尬。因为他们很清楚地知道父母在孩子社会化的过程中，应该扮演什么角色。在这方面，他们和那些中国的好心人产生了分歧。

当代一部分中国孩子，由于一直是在大人们的严密庇护下生活的，加之家庭的溺爱、学校教育方式的种种缺陷等，不少孩子自小养成了非常严重的依赖心理。日常生活中、学习中稍稍遇到一点儿困难，首先想到的不是依靠自己的力量克服困难，而是求助于别人。长此以往，降低了孩子的生活适应能力，弱化了孩子的心理素质，于孩子将来的生活、事业是极其不利的。

加德纳夫妇静静地听着这些他们不能同意的解释。他们赞成有的时候告诉一个孩子做什么是重要的，他们也不愿意本杰明失望、有挫败感。但是正像加德纳说的，本杰明并没有因为自己失败的尝试而灰心，相反，孩子感到的是高兴。为此，教授夫妇进一步向自己的中国同行说明，大多数美国人对于此事有不同的观点。

首先，加德纳夫妇对于本杰明是否能将钥匙插入钥匙孔并不介意，他们关注的是本杰明是否愉快、是否进行了探索。在这个过程中，如果说他们夫妇袖手旁观的同时想教给孩子点什依靠自己成功。

7

么，就是一个人应该有效地依靠自己的力量去解决遇到的问题。这种依靠自己的价值原则，是美国人养育子女的行为。他们认为，如果手把手地教给孩子怎样准确地做一件事，如将钥匙放进钥匙孔、画一只公鸡，或怎样为做错的事道歉，他不大可能自己领会到完成这个任务的方法。美国人在很多情况下必须学会自己思考、依靠自己解决遇到的问题，甚至自己去发现需要创造性答案的新问题。

而"在家靠父母，出外靠朋友"的中国人则更加习惯于依赖他人，即使父母不在身边，也要寻求朋友的帮助。而美国人，则更强调依靠自己，个人奋斗。

从这个"钥匙和钥匙孔事件"的表面上看，与美国的父母比起来，中国的父母更愿意作为孩子的保护人，更愿意手把手教会孩子做一切事。

如今，手机几乎成了人们的必备通信工具，它为我们提供了诸多的方便，被称为护身符。然而方便之余也带来了一些问题。在现实生活里：手机是护身符的这种观念带来的安全感是幻象还是真实？手机到底让人们的生活变得更好还是变得更糟？

毫无疑问，及时地拨打电话能够拯救生命。人们可以报告火警、盗窃、心脏病突发和车祸；父母可以随时了解孩子的情况；成年的儿女也可以和老迈的父母随时联络。然而，越来越多的专家认为，手机的使用让我们的自主空间变小，同时也让我们依靠自己解决问题的能力变弱。

不要在该动脑子的时候
动感情

某杂志的高级编辑、深入探讨手机的社会效应的文章《我们的手机，我们自己》的作者 Christine Rosen 表示，由于事无大小都可以轻易地获得即时的建议，这使得手机用户在面临任何不确定的事情时，用拨号代替了决定。买绿色的毛衣还是买蓝色的？吃披萨还是吃中国菜？走桥还是走隧道？——当在一分钟之内就可以召集人开会的时候，为什么还要自己动脑呢？

"手机导致了依赖，"某女士说，"手机腐蚀了美国社会里一种行将消失的东西：依靠自己。"她举了一个例子："过去，我学过怎样换轮胎，所以我可以自己动手。但是现在谁还自己换轮胎？你会直接打电话给 AAA。"

而且，奇怪的是，手机能经常与朋友和家人联络会导致一种新形式的不安全感。例如，对于父母来说，打电话给小孩能使自己放心，但是当小孩不接电话时，父母会开始往最坏的方向想。

越能方便地接触到他人，那么在你接触不到这个人的时候，就越让你担心。手机的这种保护者和奴役者的二重性，在很多方面体现得特别明显。我们比过去任何时候都要缺乏自我，不是因为我们的独立性小了，而是因为我们更多地联系在一起，遗忘了依靠自己的意识。

所以，重新正视自己，捡回丢掉的意识，一味依赖别人就会迷失自己，生命的蓝图就像满天的繁星，每个人都有自己的位置，依靠自己，挖掘出自己的潜能，找到自己应有的位置，就会领略到人生壮丽的风景。

永远不要把幸福寄托在别人身上

人们在失去爱情时，总是会说一句这样的话："我实在太爱他了，没有他，我不能活下去。"

有一本书叫《我们都有心理伤痕》，作者是徐浩渊。在书中，一位叫作派克的博士对失去爱而"活不下去"的人说：

"哦，你搞错了，你根本不爱你的丈夫（妻子、男友、女友）。"

对方很生气，并质问作为咨询师的派克为什么亵渎自己神圣无比的爱情。派克则耐心解释说，你说的那不是爱，那是寄生。

在派克看来，当你把幸福系在别人身上时，你无疑便是一个寄生者。在这样的关系中，没有自由，只有附庸。幸福应该握在自己手中，两个人在一起，并不意味着彼此依附，其中的每一个人都应该完全独立生存。

很多人都把幸福寄托在别人身上，好像找到了一个相伴过日子的人就找到了幸福。徐浩渊却说，幸福是自己的杰作。

把幸福的希望寄托在别人身上，依赖对方来支撑自己幸福的墙垣，是一种错误。一旦"寄生"关系结束，一旦情感的靠山倒了，你就无法独自站立。

要知道，你才是撑起自己的唯一，只有你真正独立、强大起来，才能构造坚固的幸福堡垒。依靠别人给你幸福，难免会如沙滩蚁穴，狂风巨浪濒临时必将毁于一旦。如果你不能将自己撑

不要在该动脑子的时候
动感情

起，别人也不可能一直将你撑起，因为任何力量都无法胜过自己强大的内心。

人总是会犯这样的错误，一旦找到那棵"树"，就不惜把自己所有的希望甚至一生一世的幸福都寄托在那个人身上，希望对方将自己当作生命的全部。

哪知道希望越大失望也就越大，因为太过依靠别人，只能让自己陷入不自信中而患得患失。所以别光想着依靠对方给你幸福，假如对方真的能出人头地，有所作为，事情也未必就会朝你希望的方向发展，也许你会被置于一种岌岌可危的境地，因为对方的出类拔萃，带来的可能是"夜不归宿""红杏出墙"，然后会像扔一件破衣烂衫似的，将你扔得远远的。

那个你用全身心来寄托的人，可能不是你想象中的一座山，不能为你遮风挡雨；不是你梦幻里的一棵大树，不能为你撑住天、撑住地、撑住心灵也撑住身体；他不是救世主，亦不是无所不能的先知……你可能会说："他答应我，要给我幸福，要一辈子照顾我的。"你可知道，有时候，一个人的诺言很轻，一个人的耐力非常有限。这个世界变化太快，诺言也不是一成不变的，没有人可以保证能承载对方一辈子的幸福，一旦别人不经意间卸下了扛在肩上的你的幸福，那么损失最惨重的人还是你自己。

其实，最保险的幸福就是将命运掌握在自己手中，把幸福寄托在自己身上。人生的幸福并非是别人给予的，而是由自己定义并抒写的。

人从剪断脐带的那一刻起，就是一个独立的个体了，每个人都只有依靠自己才能获得真正的幸福。有时候，感觉幸福缥缈不定是因为我们最大的错误来源于本身对"绳子"的过分依赖，我们的幸福藏在自己手里，如果过分依恋那根"绳子"，只会迷失幸福的方向。

依赖是一种束缚，依赖别人可能会使你幸福，但也可能会为你带来痛苦。比尔·盖茨曾说："依赖的习惯是阻止人们走向成功的绊脚石，要想成大事，你必须把它们一个个踢开。只有靠自己取得的幸福，才是真正的幸福。"

如果你现在已经感觉到依赖束缚了你的幸福，那就快快剪断那根桎梏你的"绳子"吧，只有这样，你才能迈开轻松的脚步去追求自由畅快的幸福。要记住：你的幸福只掌握在自己的手里。

舒婷在《致橡树》中这样写道："我如果爱你 / 绝不像攀缘的凌霄花 / 借你的高枝炫耀自己 / 我如果爱你 / 绝不学痴情的鸟儿 / 为绿荫重复单调的歌曲 / 也不止像泉源 / 常年送来清凉的慰藉 / 也不止像险峰 / 增加你的高度，衬托你的威仪 / 甚至日光 / 甚至春雨 / 不，这些都还不够 / 我必须是你近旁的一株木棉 / 作为树的形象和你站在一起 / 根，紧握在地下 / 叶，相触在云里 / 每一阵风过 / 我们都互相致意……"

一个真正懂得幸福的人，也必然懂得怎样恪守自己的独立性，因为他知道，对别人的依赖，实际上就是对幸福的出卖。

还是把幸福把握在自己手中吧，别在寄托中迷失了自我，迷失了方向，那样，我们的幸福才会更长久！

自伞自度，求人不如求己

菩萨只保佑那些肯帮助自己的人。

某人在屋檐下躲雨，看见观世音菩萨撑着伞走过，这人说："菩萨，普渡一下众生吧，带我一程如何？"观世音菩萨说："我在雨里，你在屋檐下，而檐下无雨，你无须我渡啊。"这个人立刻跳出屋檐下，站在雨中："现在我也在雨中，该救我了吧？"观世音菩萨说："你在雨中，我也在雨中，我不被淋雨，是因为我有伞，你被雨淋是因为没有伞。所以不是我渡自己，是伞渡我。你要想得渡，请找伞去！"说完就走了。

第二天，这人又遇到了难事，便去庙里求菩萨，走进庙里，才发现庙里的观音菩萨像前也有一个人在拜，那个人长得和观世音菩萨一模一样，丝毫不差。这个人很惊讶："你真是观世音菩萨吗？"那个人说："我就是。"这个人又问："那你为什么还自己拜自己？"观音菩萨笑道："我也遇到了难事，但我知道，求人不如求己啊！"

想要不淋雨，就要自己找伞。真正悟道的人是不会被外物干扰的。雨天不带伞，一心只想着别人会带伞，肯定会有人帮助自己的，这种想法最害人。总想着依赖别人，自己不肯努力，到头来必定是什么也不能得到。本性是人生来就有的，只不过有的人还没有找到，平时不去寻找，只想依靠别人，不肯利用自己潜在的资源，只把眼光放在别人身上，这样怎么能够取得成功呢？

人类自古以来就敬天，遇事常祈求上天保佑。很多人经历的事情多了，就会得到一个结论："与其求天一直不要下雨，不如让自己常备一把伞。求天求地，不如求自己。""自救者天救"说的就是这个道理。

其实，每个人都是自己命运的主人，乞求别人，等待别人的恩赐，只能让我们养成一种惰性，把命运的方向盘交给别人，别人给什么，我们就只能要什么，别人不给，就得不到什么。自然，人人都会遭受挫折，因此不能把命运的主动权放在别人的手上。事实上，我们在遇到困难的时候，首先想到的不是自己解决，而是寻求别人的帮助。

天助自助者，完全依赖别人的恩

不要在该动脑子的时候 ~~~~~~
动感情

赐是不可能的，我们解决问题首先想到的是自助。人的一生，难免会遇到许多麻烦和困难，但我们首先想到的应该是我如何去做才能解决它。那么我们就要敢于试一试、拼一拼，将自身的能量最大限度地发挥出来，战胜困难，最终解决问题。

凡人之所以是凡人，可能就是因为遇事喜欢求人，而观音之所以成为观音，大概就是因为遇事只去求自己！如果我们都拥有遇事求己的那份坚强、自信、主动，也许我们就会成为自己的观音。

自伞自度，自性自度，求人不如求己。

活在自己的心里，而不是别人的眼里

人活着想要快乐似乎挺难的，我们好不容易做成一件事情，以为会得到领导的嘉许，但是却没有，我们会因此失落。而别人的一句打击，也有可能将我们的心情彻底毁坏。实际上很多时候，我们不快乐是因为太在乎周围人的眼光。别人的夸奖对你的意义远远大于你对自己的看法，但是在我们生活的这个世界里，他人怪异的眼光和恶毒的话语是常常存在的，你总是要面对这些，与其总是被其打扰，还不如让我们把这些事情像Photoshop（一种图像处理软件）的蒙板一样把它蒙起来，这样我们的心情就一定能平静下来。

什么样的人太在乎别人的"眼光"呢，你不妨去周围观察一下，活在别人评价里的人，往往是没有主见没有自我、不敢表达自己个性、总是依靠别人的评价过日子的人，这样的人只会畏首畏尾地生活，养成愈加没有主见的性格，从而彻底失去自我。

一个没有自我、没有个性的人肯定无法成就大事，也不可能发现自己的价值所在。

有的候，我们为了活出别人眼中的精彩，常常丢弃了自己的意愿，在别人的标准、评判中找寻自我价值。我们总是被他人的评价所左右，别人的一句话就足以泯灭我们所有的信心，所以我们总是缺乏自信，常常活得很累。

但是这样疲惫的生活给我们带来了什么呢？

太在乎别人的看法只能扰乱自己的方寸，而使自己活得愈加沉重，我们自以为牺牲掉自我意愿而换来的良好评价，实际上完全不可能实现。因为别人的评价标准多种多样，我们不可能满足，而且无法真正实现自我。

因此只有我行我素，不因为别人的目光而违背自己的心意，尊重自己的生活方式，活出自己的精彩，做自己真正想做的事、想做的人，才会达到快乐自在的人生状态，就像燕子只会在碧空里飞翔，不会像鱼一样去海洋中游弋一样。

别人对你的评价并非都是完全正确的，甚至很有可能误导你。因为每个人的评价都是根据自己的认知、经验来判断的，既不全面也不客观，所以对你而言，这样的评价的参考意义是值得商榷的。

别人眼中的你只不过是你的表面或一个方面，真正全面、清楚了解自己的还是你自己，所以，你没有必要从别人的口中去了解自己。勇敢地活在自己的心里而不是别人的眼中吧，唯有如此，你才能获得真正的幸福。

不要一味讨好别人，要学会为自己活着

有时候我们为了获得别人的认同，而不得不讨好别人，尤其是当我们断定在茫茫人海中可以找到一个心爱的人——这个人就是他的时候，我们会觉得这是多么大的福气，或许没有你想象的那么好，但应该也不会糟糕到哪里，所以就会好好珍惜，多说关怀话，少说责备话，甚至慢慢地，我们就越来越习惯于讨好他，只要他快乐，我们就觉得满足。

但是，珍惜和讨好并不是同一个概念。

如果你懂得珍惜，你会发现你获得的越来越多；如果你一味讨好，你会发现你失去的越来越快。爱情合理就好，不要委屈将就，你只要知道彼此虽然有缺点，但保有一种淳朴的可爱就足够了。

很多人一生都在悲惨地讨好人，却以为是在爱护人，甚至会为了讨好别人而改变自己。做好自己的本分，不要为了讨好别人而改变自己。

如果你细细注意一下自己每日的言行举止，就会发现自己很多时候都是在讨好别人。

其实，讨好是源自内心的一份需求和期待，是希望对方能够满足我们，给我们认可、肯定、赞美、温暖和支持。

当我们带着对别人的需求和期待，试图去"讨好"对方，如果对方满足了我们，我们就有了一种体验叫"满足"；如果对方没有满足或者干脆忽略，我们就有了另一种体验叫"受伤"。"满足"之后我们会不断重复地使用"讨好"直到对方无法满足我们时，我们也开始"受伤"，然后"受伤"的人要么独自品尝"受伤"，不断地"伤害"自己，要么将这份"受伤"扔还给对方，就成了"伤害"对方。

这样的关系是一种恶性循环，并不是真正有利于自身的人际关系。

当你试图想发个短信，当你试图想要开始聊天，当你试图要开口说话之前，可以问问自己：我想要做什么？是想要讨好对方，还是想要真诚地表达我真实的感受？还是希望对方给我一个我想要的回应？看清楚每个动作背后的动机，或许，你会省掉很多"讨好"的动作。

当你接到一个短信，当你的 QQ 开始跳动，当你听到对方跟你说的一句话之后，你可以问问自己：我现在的感受是什么？我想要回复对方的目的是什么？我真的是有话要表达，还是怕对方生气而说话？如果你可以清楚地看到每个动作背后的动机，或

许，你也可以省掉很多"害怕对方受伤而讨好"的动作。

其实，从不断轮回的讨好游戏的过程来看，我们已经清楚地看到了游戏的结局：无论我们怎么讨好对方，对方无论怎么讨好我们，结果都是"受伤"，只是"受伤"来到的时间早一点晚一点而已。

如果在关系中，我们恐惧真诚的表达，恐惧面对真相，恐惧关系之间的"不讨好"，那么，我们迟早是要"受伤"的，这是命定的关系咒语。

为了打破这个咒语，我们必须要改变这种恐惧——做个真诚的人。

崇拜偶像，倒不如崇拜自己

每个人都有偶像情怀，你我也不例外。在这样的情结下，你可能觉得自己很微不足道，但实际上，只要你存在着，你就是一个顶立在天地间的"巨人"——而且还是一个独一无二不可复制的巨人。所以，与其在别人身上寻找崇拜感，还不如把自己当作偶像。崇拜自己，会在无形中完善自我。

崇拜自己能够让你活得更有力量。就算你只是一曲不知名的歌，一颗不被关注的星星，一首不押韵的诗歌，但你仍可以活出自己，为自己迎来一轮灿烂夺目的朝阳。

很多时候，你会被人问到最崇拜的偶像是谁，你的答案可能是某一个明星，例如玛丽莲·梦露、奥黛丽·赫本，也可能是一个企业家，像史蒂夫·乔布斯、比尔·盖茨。是的，活了这么多年，你心里可能对自己的未来有着种种期待，希望自己像那些成功人士一样拥有璀璨夺目的人生，但你想过没有，为什么不大声回答：我最崇拜我自己呢？

这样的答案，或许一时无法被理解，也有可能招来白眼，甚至还会有人向你丢来臭鸡蛋。因为你太平凡太渺小，和那些光辉夺目的人物相比不值一提，但是，我们大部分人不都是渺小的个体，在这个惊艳华美的世界中就像一根杂草般的存在吗？

所以，你不需要自卑，就算我们永远不可能成为万人迷，仍

不要在该动脑子的时候
动感情

然值得被自己尊重。

别说你很渺小，别在乎你的微不足道，在这个世界上，你是独一无二的，没有人和你完全一模一样。尽管你不为人所知，但是你在尽自己微薄的力量来填补世界的缺憾。同时你的思维并没有停止，只要思索的力量在，你仍有可能撬动地球不是吗？你的生命之曲，已经被你演奏得铿锵作响，你还有什么理由不崇拜自己呢？

从呱呱坠地的那一刻起，你就不再是一个渺小的细胞，你就是这世界上独特的一份子，因此，要活得轻松，要活得自在，要活得精彩，必须把"自视渺小"转换成"自我崇拜"！

自我崇拜并不是自以为是和妄自尊大，它是一种对自己的肯定，是一种主宰生活的气概，是一种开明的思想，更是把握自己命运的魄力。不管你是显贵，还是贫民；不管你是白领，还是文盲，你都是一个独立的个体，靠自己的力量生活着，在人格面前，所有的人都是平等的。所以，你有充分的理由崇拜自己。如果你的眼里只有别人的荣光，怎么能看到自己的不平凡呢？

从此不再为了生活而讨好别人

有时候我们觉得生活很累，尤其是在人际关系当中。其实，很多时候，我们为了与人相处，不得不委屈自己。

为了人际关系的和谐，偶尔隐忍是需要的，但凡事都有底线，每个人都有自己的原则，如果不懂得把握原则，或者总是为了和谐而突破自己的底线，结果只会适得其反。生活中有很多这样的例子，一味地讨好并不见得能得到我们原本希望的和谐，凡事要按行为准则和做人原则去把握，反而能得到别人的尊重。生活中太过讨好别人，只会忽略了自己，更容易被别人忽视。到头来会更痛苦，所以，在和任何人交往中，最重要的是要珍爱自己。

　　有一位全职太太，她对家庭付出很多，老公和家人对她都很满意，但她不知为什么，总是不够自信。本该是幸福美满的人生，但她始终感觉很疲累，就是没有办法放松自己，生怕自己不够努力，会被别人——尤其是丈夫和家人厌弃，于是非得把自己逼到身心俱疲的绝境，才能用同情换到爱怜。这其实是一种病态的情绪，她所有问题的症结就在于把自己放得太低，太在意别人的情绪。

　　有时候，为了拥有更融洽的人际关系，我们不得不努力去讨好别人，尽管自己心中满是委屈。当我们积极地掌控自己的情绪，甚至产生主宰资源、操控别人的意图，以为这样就可以达到自己想要的目的，可是到头来才发现自己其实很不开心。

　　这样的讨好会失去自己，会更不开心。有时候我们觉得花太多时间去迎合、取悦别人，潜藏的动机是借此获取更多的好处和保障。但是回过头来想一想，你对这样的放弃真的满意吗？

不要在该动脑子的时候
动感情

这就是一个为了讨好别人选择羞辱自己，最后得不偿失的例子。

无论对待爱人、同事、朋友，还是陌生人，付出感情或心力之前，都要先斟酌一下：你所付出的这些，到底是心甘情愿还是被迫勉强的？唯有心甘情愿出自真心，才是值得的。

人生苦短，何必费力讨好别人，好好爱自己吧。和别人相处时唯独没有勉强，事后才不会后悔，才是值得的行为。

爱自己，爱世界

如果说爱是一门艺术，那么，恰如其分的自爱便是一种素质，唯有具备这种素质的人才能成为爱的艺术家。人生在世，不能没有朋友，在所有朋友中，不能缺了最重要的一个，那就是自己。

自爱者才能爱人，富裕者才能馈赠。给人以生命欢乐的人，必是自己充满着生命欢乐的人。一个不爱自己的人，既不会是一个可爱的人，也不可能真正爱别人。

能否和自己做朋友，关键在于有没有一个更高的自我，这个自我以理性的态度关爱着那个在世上奋斗的自我。有的人不爱自己，一味自怨，仿佛是自己的仇人；有的人爱自己，但没有理性，一味自恋，俨然是自己的情人。

我们有时候，想变成任何一种人，体验任何一种生活，包括国王、财阀、圣徒、僧侣、强盗等，甚至也愿意变成一只苍蝇，但前提是能够变回自己。归根结底，我们终究更愿意是自己本身。

如同肉体的痛苦一样，精神的痛苦也是无法分担的。别人的关爱至多只能转移你对痛苦的注意力，却不能改变痛苦的实质。甚至在一场共同承受的苦难中，每个人也必须独自承担自己的那一份痛苦。

一个我们不得不忍受的别人的罪恶仿佛是命运，一个我们不得不忍受的别人的痛苦却几乎是罪恶。当你遭受巨大的痛苦时，你要自爱，懂得自己忍受，尽量不用你的痛苦去搅扰别人。

爱自己的人对自己非常接纳与欣赏，他无论成功失败都和自己站在一起；爱自己的人从来不需要借助表现或表演来获得他人的认可；爱自己的人没有自责，没有罪恶感；爱自己的人觉得自己不亏欠任何人；爱自己的人不骄傲不浮夸，不贬低他人。

爱自己的人觉得全世界都是可爱的；爱自己的人也许不给自己买新衣服，不去做按摩 SPA，但他的内在却有一种新鲜活泼的品质、一种爱的品质、一种美的品质，让所有经过他的人都能感觉到，都想亲近他。

社会一直教育说我们不够好，于是，我们永不停歇地想要改造自己，并由此衍生出改造他人及改造世界。所有改造的努力都源自于不接纳，源自于觉得自己有"问题"。

爱自己，我们要爱的不是那个"自我"，而是我们的"真我"——我们内在那个闪闪发亮的钻石般的本质。

在去除了外在所有的名声、地位、金钱、相貌等之后，每个人内在的本质都是一样的，由此而生出的自爱，其实是一个了悟，一个知道，即你知道自己内在有闪光的自己，而同时你也知道，别人的内在和你一样。

一个真正爱自己的人，是爱别人也爱世界的。他／她不需要证明给谁看他／她是值得被爱的，因为，他／她的内在就是爱本身，他／她的浑身都充满了爱，散发着爱的光芒，而这样的一个人，全世界都会来爱他／她。此所谓"爱人者，人恒爱之"。因此，一个爱自己的人，是一个爱世界的人，也是被世界所爱的人。

托付心态的爱是毒药

当你依赖的时候，你就会因为担心失去而恐惧；当你恐惧时，你就会委屈自我来迎合对方，而当你失去自我，对方的爱也就土崩瓦解。为什么？你已经不是你了，对方的爱哪里还有附着的对象？爱情遵循平等原则，要求双方能为彼此带来直接或者间接的好处，比如关注、爱、金钱等。爱情的维系需要实现索取和回报的动态平衡，同时要求在爱的关系中保持自我，达到"我"和"我们"的平衡。任何一个平衡被破坏，爱情关系都不能长久。

因此，托付心态非常危险，是爱情的毒药。既然爱情遵循平等原则，女性就要保证自己有足够的吸引力，比如智慧、独特的思想、独特的气质等。当年轻的你与钻石王老五在一起的时候，你们之间会有巨大的鸿沟，你需要迅速成熟来获取与对方相当的社会经验，这可能会让你感到压抑、委屈甚至折磨。因此，经营自己的能力更重要。在失恋之后，保护好爱的能力，给前面的人。当我们能把握自我的时候，两个人的关系才能更好。时刻保持察觉，维护爱情，保持自我，这样，才不会输得很惨。

与其嫁个有钱人，还不如寻找潜力股，找个同龄的男孩子一起成长，共同经历、共同见证彼此从稚嫩到成熟的漫长过程，这个经历很宝贵。也许你会担心，等到你的潜力股变成绩优股，你

不要在该动脑子的时候
动感情

就变成垃圾股，这其实是一种对未来不确定的过度恐惧，不仅表现在爱情和婚姻中，也表现在生活的其他方面，但是反过来这也可以成为我们更好的发展和关爱自己的动力，只有积极地维护好今天、享受今天，才会迎来更好的明天。

我们的生活越来越好了，但是年轻人却越来越不愿意吃苦了，把吃苦等同于消极，等同于受罪。在选择职业的时候，总是担心选择失误，往往因此错失很多机会。工作是这样，爱情也是这样。其实，即使选择错了，经历了失败的痛苦，你才能明白自己真正想要的是什么，也更能积聚坚持的毅力。选择中遇到的困难和风险是推动前进的动力，是成长的机缘。先有行动，才有机会，行动会带来更多的机会和可能性。

未来取决于今日，幸福总有一种可能。

认识自己，接受自己

有一个叫爱丽莎的美丽女孩，总是觉得自己没有人喜欢，总是担心自己嫁不出去。她认为自己的理想永远实现不了，她的理想也是每一位妙龄女郎的理想：和一位潇洒的白马王子结婚、白头偕老。爱丽莎总以为别人都有这种幸福，自己却一直被幸福拒之于千里之外。

一个周末的上午，这位痛苦的姑娘去找一位有名的心理学家，据说他能解除所有人的痛苦。她被请进了心理学家的办公室，握手的时候，她冰凉的手让心理学家的心都颤抖了。他打量着这个忧郁的女孩，她的眼神呆滞而绝望，声音仿佛来自墓地。她的整个身心都好像在对心理学家哭泣着："我已经没有指望了！我是世界上最不幸的女人！"

心理学家请爱丽莎坐下，跟她谈话，心里渐渐有了底。最后他对爱丽莎说："爱丽莎，我会有办法的，但你得按我说的去做。"他要爱丽莎去买一套新衣服，再去修整一下自己的头发，他要爱丽莎打扮得漂漂亮亮的，告诉她星期一他家有个晚会，他要请她来参加。爱丽莎还是一脸闷闷不乐，对心理学家说："就是参加晚会我也不会快乐。谁需要我？我能做什么呢？"心理学家告诉她："你要做的事很简单，你的任务就是帮助我照顾客人，代表我欢迎他们，向他们致以最亲切的问候。"

星期一这天，爱丽莎衣衫合适、发式得体地来到晚会上。她按照心理学家的吩咐尽职尽责，一会儿和客人打招呼，一会儿帮客人端饮料，她在客人间穿梭不停，来回奔走，始终在帮助别人，完全忘记了自己。她眼神活泼，笑容可掬，成了晚会上的一道彩虹，晚会结束后，有三位男士自告奋勇要送她回家。

在随后的日子里，这三位男士热烈地追求爱丽莎，她终于选中了其中的一位，让他给自己戴上了订婚戒指。不久，在婚礼上，有人对这位心理学家说："你创造了奇迹。""不，"心理学家说，"是她自己为自己创造了奇迹。人不能总想着自己，怜惜自己，而应该想着别人，体恤别人，爱丽莎懂得了这个道理，所以变了。所有的女人都能拥有这个奇迹，只要你想，你就能让自己变得美丽。"我们的眼睛的作用是：一只眼睛观察世界，一只眼睛发现自己。学会发现自己的优点，这是我们共同的义务，也是寻找自己的优势、挖掘潜能的重要方式。事实上，像爱丽莎对自身产生怀疑，归根结底是因为没有发掘出自己的闪光点，她看到了别人的精彩，却错失了自己的光彩。其实，每个人都是自己最优秀的载体，接受自己，你并不是一无是处。

一生必爱一个人——你自己

每个人都不可能完美无缺，只有从内心接受自己，喜欢自己，坦然地展示真实的自己，才能拥有成功快乐的人生。伟大的哲学家伏尔泰曾言："幸福，是上帝赐予那些心灵自由之人的人生大礼。"这句话足以点醒每一个追求幸福的人：要做幸福的人，你首先要当自己思想、行为的主人。换言之，你只有做自己，做完完全全的自己，你的幸福才会降临！这就是幸福的秘密。

我们都要知道，在这个世界上，你是自己最要好的朋友，你也可以成为自己最大的敌人。在悲喜两极之间的抉择中，你的心灵唯有根植于积极的乐土，你的自信才能在不偏不倚的自爱中获得对人对己的宽宏，达到明辨是非的准确。学会从内心善待自己，你会觉得阳光、鲜花、美景总是离你很近。你平和的心境是滋养自己的优良沃土。

爱自己首先要按自己喜欢的方式去生活。因为我们要想生活得幸福，必须懂得秉持自我，按自我的方式生活。如果你一味地遵循别人的价值观，想要取悦别人，最后你会发现"众口难调"，每个人的喜好都不一样，失去自我，便是自己人生痛苦的根源。

辛迪·克劳馥，对于中国的中青年人来说，几乎是无人不晓。作为一代名模，她年轻时也和许多名模一样，缺乏主见，也几乎和许多名模一样，差点儿沦为有钱人摆弄的花瓶。但她及时

不要在该动脑子的时候
动感情

意识到了自己的个性弱点，主动调整自己的性格，展示出了自己的独特魅力，牢牢将命运掌握在自己手中。辛迪·克劳馥18岁就进入了大学的校门。大学里的辛迪，是一朵盛开在校园的鲜艳花朵，走到哪里，哪里就发出一阵惊呼。那个时候，她身材修长、亭亭玉立，再加上漂亮的脸蛋，匀称修长的腿，实在是美极了。当时，人们对她赞不绝口。的确，她的整体线条是那么的流畅，浑然天成；她的鼻子是那么的挺拔，配上深邃的目光，性感的嘴唇，以及丰满的乳房、浑圆的臀部，一切就像是天造地设似的。难怪，在同学当中，她是那么的引人注目。

在这期间，有一个摄影师发现了她，拍了她一些不同侧面的照片，然后挂在他自己的居室墙上。同时，她的照片刊在《住校女生群芳录》中，她的脸、她的相片、她的名字，第一次出现在刊物上。很快，她被推荐去了模特经纪公司。但是一开始，她就碰了壁。这家公司竟说她的形象还不够美。她感到伤心。而令她更感到伤心的是，那个经纪人认为她嘴边的那颗痣，必须去掉，如果不去掉，她就没有前途。但她不肯去掉。

成名之后，她回忆起这件事的时候说："小时候，我一点儿都不喜欢那颗黑痣，我的姐妹们都嘲笑它，而别的孩子总说我把巧克力留在嘴角了。那颗痣让我觉得自己和别人不一样。后来，我开始做模特儿，第一家经纪公司要我去掉那颗痣。但母亲对我说，你可以去掉它，但那样会留下疤痕。我听了母亲的话，把它留在脸上。现在，它反而成了我的商标。只有带着它到处走，我才是辛迪·克劳馥。一些女孩跑来对我说，她们过去讨厌自己脸上的小黑痣，但现在她们却认为那是美丽的。从这个意义上来说，这是件好事，因为人们变得乐于接受属于自己的一切，尽管他们过去并不一定喜欢。"辛迪·克劳馥的经历告诉我们，你才是你自己的中心，一个人无须刻意得到他人的认可，只要你保持自我本色，按自己的方式生活，生活中没有什么可以压倒你，你可以活得很快乐、很轻松。人应该爱自己的全部，那样你才会感到自身的魅力。一旦你看上去既美丽又自信，就会发现周围的人对你刮目相看了。正如美国歌坛天后麦当娜所说："我的个性很强，充满野心，而且很清楚自己想要什么。就算大家因此觉得我是个不好惹的女人，我也不在乎。"而事实上，并没有人因此而讨厌她，相反，人们更加着迷于她的优美歌声和独特个性。

第 **2** 章／

人生不止眼前的苟且，
还有梦想和远方

盲目地选择爱情，是不幸的序曲

进入青年时代的人，往往面临着一个亘古常新的课题，那就是爱情。它不知不觉地，悄悄地潜入你的心扉，撞击你的心灵。但是爱情，它可能使你获得无比的幸福，也可能使你坠入不幸的深渊；它可能使你有个腾飞的起点，也可能给你划出一条失足的轨迹。

18岁那年，莎士比亚与安·哈瑟维结婚，但据教堂记录，此前不久，他曾与一位名叫安·韦特利的姑娘结过婚。其中的原因比较复杂。

安·哈瑟维是一个富裕农民的女儿，比莎士比亚大8岁，与莎士比亚交好时，她的父亲已经去世，她与继母及同父异母的弟弟住在父亲留下的农庄里，生活得不自在，加上年岁已大，一直在费尽心机地寻找婆家，对于莎士比亚这样英俊健壮的小伙子的献媚，她自然求之不得。不久，安·哈瑟维怀了孕。莎士比亚不得不尽自己应尽的责任，放弃了与安·韦特利的婚姻，转而与安·哈瑟维结婚。婚后的莎士比亚接连有了三个孩子，但生活却并不如意，而当时他才 21 岁。生活的重担早早地压在他的肩上，而前途却一片渺茫。

为了摆脱家庭的烦恼，寻求美好的前程，等三个孩子稍大一点的时候，他便背井离乡，跟着一个到外地巡回演出的剧团到了伦敦，20 多年后才重返故乡定居。

作为戏剧家，莎士比亚是成功的，但他对爱情的盲目选择却造成了婚姻生活的不如意。有一位著名作家说："人在年轻的时候，并不一定了解自己追求的、需要的是什么，甚至别人的起哄也会促成一桩婚姻；等你再长大一些，更成熟一些的时候，你才会知道你真正需要的是什么。可那时，你已经做了许多悔恨得使你锥心的蠢事。"

有太多的不成熟的爱情在我们的周围滋生，关于自己，或者关于朋友。这种爱情往往蒙蔽了我们的双眼，以为只要有爱就可以什么都不管不顾，以致在盲目的爱情中结成了婚姻，在盲目的爱情中生下了孩子。结果呢？当爱情的脚步渐渐走远，我们才发现原来自己与对方并不是十分了解。爱情的阳光不再照射，在没有爱的日子里生活空洞而乏味。于是，年轻的夫妻选择了离婚，只可怜那在盲目的爱情中所诞生的小生命。不幸的序曲终于拉开了悲惨的帷幕。

我们可以勇敢地去追求爱情，却不能在盲目中谈一场恋爱，因为爱情不仅仅是海誓山盟，还意味着对对方的责任。成熟的爱情也不单只是你情我愿，那是一种思想与心灵更深的交融，是在茫茫人海中感觉到的那一缕绚烂的光辉，它不因时间的推移而消失，而是爱得更加深刻。因此生活中，掌握好恋爱的规律，不盲目地恋爱，才能驾驭好人生之舟，才能获得幸福。

爱情的花朵只有在欣赏中才能绽放

《圣经》中神对男人和女人说："你们要共进早餐，但不要在同一碗中分享；你们要共享欢乐，但不要在同一杯中啜饮。像一把琴上的两根弦，你们是分开的也是分不开的；像一座神殿的两根柱子，你们是独立的也是不能独立的。"

这段话形象地说明了婚姻关系中两个人的韧性关系，拉得开，但又扯不断。谁也不能过度地束缚对方，也不能彼此互不关心，有爱，但是都在适度的范围之内，这才是和谐的婚姻。可是很多人似乎并不能体会到婚姻的真谛，在他们眼里，对方身上有很多缺点，他们常常试图通过各种途径让对方改掉坏习惯。可是习惯的产生是日积月累的作用，在自己身上已经存在了十几或者几十年，当然不会轻易改掉。于是夫妻之间的矛盾就产生了。

夫妻之间产生争执的主要原因，是他们把婚姻当成一把雕刻刀，时时刻刻都想用这把刀按照自己的要求去雕塑对方。为了达到这个目的，在婚姻生活中，一方当然就希望甚至迫使另一方摒除以往的习惯和言行，以符合自己心中的理想形象。但是有谁愿意被雕塑成一个失去自我的人呢？于是"个性不合""志向不同"就成了雕刻刀下的"成品"，离婚就成了唯一的一条路。

每个人本身都是"艺术品"，而不是"半成品"，人人都企望被欣赏，而不愿意被雕塑。所以，不要把婚姻当成一把雕刻刀，老想着把对方雕塑成什么模样。婚姻需要的是一种艺术的眼光，要懂得从什么角度欣赏对方，而不是去束缚对方，彼此之间的空间太小了，谁都会感到不安。

在生活中，我们常常会注意到，在深夜观看足球比赛的丈夫们，身边会有对足球并不是十分感兴趣的妻子陪着；虽然不喜欢厨房的油烟，可是妻子还是每天都准备好了可口的饭菜，等着和丈夫、孩子一起分享……

婚姻，不是一个人的付出，只有两个人同心协力，才能营造一个温暖的家。可是并不是所有的人都能注意到对方的付出，甚至有的人会把对方的付出看作想当然的。如果对方稍微有什么地方做得不好，就加以指责，这样的做法无疑会伤害对方的心，会让他觉得一切的努力都白费了。

爱一个人，就应该让他感觉到幸福，而不是要给他原本疲惫的心灵增加新的创伤。所以，在夫妻生活中，一定要相互扶持、相互欣赏、相互鼓励。虽然因为个性的不同，两个人没有办法完全融为一体，但是一定要让对方感受到你的存在，让他体会到你对他的欣赏和爱护。在他犯错的时候，给予善意的提醒，而非指责，有时候一个善意的眼神也会让对方觉得很温暖；在他犯傻的时候，给予适当的爱抚，告诉他"你真可爱"，一句看似不经意的话语，却可以激起爱的涟漪，让对方感受到你的体贴。

每个人都会有缺点，但是相爱的人能在对方的缺点中找寻到对方的闪光点，能在对方的不足中寻找到内心的满足。学会欣赏，总是能让爱情更甜蜜，让婚姻更美满。

不要让爱牵绊了幸福

爱情不是盛开在天堂里的花朵，在这个纷繁复杂的社会里，爱情也常常会受到各类"病毒"的侵袭，遭遇一些或大或小的冲突。当爱情的伊甸园危机四伏时，是坚守还是突围呢？突围

不要在该动脑子的时候
动感情

后又是否能有个灿烂的未来呢？越来越多的人为此举棋不定，日夜嗟叹。

"爱到尽头，覆水难收"，勉强维持没有爱情的关系是没有意义的。有时候，放手也是一种明智。一个不想失去我们的人，未必是能和我们一直走到老的。可是，正是因为占有欲太强，人们才会做出各种不理智的事情。

其实，当爱情已经走到了"灰飞烟灭"的尽头，无论我们如何费尽心力去维持它，都于事无补。爱是一种自自然然的感觉，爱散了、淡了、完了，就随它去吧，何必死缠烂打、寻死觅活呢？对于一个已经不爱我们的人，坚持又有什么意义呢？"天涯何处无芳草，何必单恋一支花"，曾经以为是天长地久，到头来才发现只是萍水相逢，他只是我们生命中的过客，并非那个注定会为我们驻留的人，又何必太在意他的离去呢？生命中总会有人与我们擦肩而过，有人为我们停留，又何必苦苦让自己在一棵树上吊死呢？倒不如放手，给他也是给自己一片广阔的蓝天，这样我们的生活才能过得更好。

芊芊曾经听妈妈讲过她和爸爸之间的爱情故事，很美、很浪漫。她为此感到骄傲：自己的父母是因为爱而结婚的！甚至在一年之前，她仍然认为他们会一直相爱到白头。可理想和现实终究是有距离的。

那是一个飘雪的冬日。清晨，她被爸妈的争吵声惊醒。她走出房门，见爸爸正在穿大衣。"这么早，你要去哪儿？"她想拦下爸爸。

"这个家已经没有我的容身之地了！"爸爸大吼着冲了出去。

妈妈倒在沙发上，无声地哭泣着。自那以后，爸妈天天吵、时时吵、刻刻吵。她不得不充当和事佬的角色，不停地去平息他们的战火。如此持续了几个月，大家都已经筋疲力尽了。突然有一段日子，他们不再吵了，而是变得相敬如"冰"，谁都懒得多看对方一眼。爸爸日日晚归，有时整夜都不回家。妈妈还是原来的样子，照常做饭洗衣，只是郁郁寡欢，难得一笑。

一天，芊芊实在忍不住了："你们离婚吧。你们早就想这样了不是吗？只不过碍于我而迟迟不下决定。实际上我没有你们想的那么脆弱。既然不再相爱，何苦硬凑在一起？即使你们离婚，也仍是我的爸爸妈妈，我也仍然是你们的女儿。"

妈妈哭了，这芊芊早就料到了，但她不曾想到的是，爸爸竟然也流下了眼泪！

半个月之后，爸爸搬出了他们曾经共有的家。芊芊现在生活得很自在，她的爸爸妈妈也过得很快乐。

爱情不能用尺度来衡量，婚姻也没有标准来量化。爱就要学会宽容，学会等待。爱情就像做菜，适时地添加佐料才有滋味。如果这份爱走到尽头，没有挽回的余地，那就放手吧，不要让这份感情成为我们幸福人生的牵绊。爱过方知情重，如果实在难以割舍，那么告诉自己，放手也是因为太爱他，然后，将这份情深深地埋在心里，等待时间告诉我们一切的结果——生活并不需要无谓的执著，没有什么不能被真正割舍，重要的是不要让逝去的爱牵绊了我们的幸福。

珍爱自己，不执著于错爱

很多年前，李玟在一首歌里唱过"那一个，美丽的、美丽的笨女人，她的故事发生在每个角落里"，爱情场上，总有女人重蹈覆辙，犯同一个美丽的错误——爱上已婚男人，却痴心不改。

电影《非诚勿扰》里舒淇扮演的空姐梁笑笑，痴情地爱着一个帅气又多情的已婚男人。要不是遇上秦奋，要不是跳海未死心已死，她可能会一直痴恋着那个已婚的男人。如果爱一个人，逼到自己跳海的地步，相信无论如何也不会有美好的结局。

可生活中，总有女孩子爱上多情的已婚男人。开始，女孩可能是拒绝的，她们的态度可能是冷若冰霜，或者用了各种手段希望男人死心，可是男人非但没有停住追逐的脚步，反而变本加厉：送礼物，传达问候，约吃饭……经历尚浅的女孩，终于经受不住诱惑，向多情男人臣服了。

可是，这样的男人，并不是能让你依靠一辈子的好男人，眼前的体贴也不能算是一辈子的承诺。他对你好的时候，必定是建立在对另一个女人不好的前提之下的；他守在你的身边，必定是有另一个女人独守空房的。所以，这样的男人即使再好，也是要打折扣的。

要知道，多情的男人未必重情。爱上多情的已婚男人，更是哑巴吃黄连，有苦说不出。这种不合适的恋爱，是一种注定的情债，总会有让女孩爱到绝望的那一天。

在男人心里，性与爱并不是一回事，只要有合适的机会，他是从来不会介意左拥右抱的。他嘴里的夫妻感情不好、性格不合，不过是结婚时间长了产生的审美疲劳，想换一换口味而已。当现实问题摆在眼前，你让他做出一个选择的时候，他多半会选择维持原有的婚姻，因为从一开始，他就没打算要离婚。对他们而言，这终究是一场游戏，游戏结束的时候他们是要回家陪老婆孩子的。即使他也不小心爱上了你，由于离婚成本太大，一般的男人也不会轻易离婚，女人傻傻的等待注定了要错过出嫁的花期。

栗颖刚爱上那个男人的时候，朋友和家人都坚决反对。那个男人条件很优秀，可他早已是别人的丈夫了。可是栗颖不听，她信誓旦旦地说："我就要看看，谁才是最后的大赢家。"于是，她像一个斗士一样披挂上阵，开始跟那个男人的妻子明争暗斗。

可是，不管栗颖怎么努力，百般恩爱以后，他说的始终是那句一成不变的话："我要回家了。"在他的心里，家是一盏灯，那里有他可爱的儿子，也是他最安全的角落，如果不回，就如同在外面流浪一般让他没有归属感。可是这句话对于栗颖来说就如同用刀在割她的心。她一次又一次地被伤，一次又一次地恢复坚强。她常常哭泣，可是也学会了在哭泣后为自己擦去眼泪。她想：我还是有资本的，年轻、漂亮、聪明，怎么可能胜不过那个黄脸婆？

为了在爱情的战役中取胜，栗颖让自己变得更加妩媚，她如同一只妖艳的狐狸，在千娇百媚中显露自己的魅力。但是同时，她也修炼了贤惠：从来不做饭的她，开始试着下厨。她学会了锅包肉、水煮鱼……这些都是他最爱吃的菜。后来，她怀孕了，她让那个男人作出选择，是要自己和孩子，还是

那个黄脸婆。

男人在她眼中读出了决绝。他终于承受不住压力，跟妻子提出离婚了。可是妻子不同意，骂他忘恩负义，骂他狼心狗肺。他的家人和朋友都跟妻子结成了同盟，他们一起把矛头指向了栗颖，骂她是狐狸精，是破坏别人家庭的罪魁祸首。

面对这些指责，栗颖毫不在意。她相信自己，更相信自己的爱情，所以她甘愿耗着。终于，男人的妻子觉得这场战役内耗太大，主动退出了。她诅咒般地说："我看你能乐到什么时候，总有你哭的那一天。"男人带着负罪般的心情送走了他的前妻，顺带给了她一半的财产。这些栗颖都不在乎，她不想要钱，只想要爱情，她要用事实证明，自己才是胜利者，从此，将不会再有人能取代她的位置，她才是这场爱情战役里真正的王者。

终于做了男人的新娘，栗颖却没有想象中那么兴奋。她觉得累，是一种经历了一场巨大消耗的累。她的婚姻没有得到别人的祝福，更多的是责骂和诅咒。她像是一个迷路的孩子，在爱情的路口迷失了方向。

结婚没过多久，栗颖就满脸疲倦。她准备把孩子打掉，好友问及理由，她说："之前那么费力地争取，到手了才知道原来很平庸。他的心里始终觉得对前妻是一种愧疚，还要抚养前妻的孩子，我受不了这种爱情。"栗颖说这些话的时候满眼哀愁，她叹道："以前以为只要争到手了就是幸福，可是付出了那么多，不仅伤害了自己，还破坏了一个原本幸福的家庭，我好后悔啊！"

爱上已婚的男人，不管你花费了多少心思，到最后都只能以绝望的悲剧收场。所以，聪明的女孩，在开始面对这种多情的已婚男子的时候，就应该表现出最绝情的一面，将这种不适合的爱情扼杀在摇篮当中，才能避免自己在以后的日子里受到伤害。

该相爱的人不曾相爱，是人生的一大憾事，但是不该相爱的人相爱了，却是一种痛苦。放手，其实是爱他，也是爱自己。

走好爱情的斑马线

爱情必须是双向的才能开花结果，所以在对待爱情这条路时，必须要遵守红绿灯规则。

爱情是维系社会的一股力量，既然人是因爱而生，就不能离开爱。爱有正当的，有不正当的，正当的爱就是绿灯，不当的爱就是红灯。

放弃一个爱你的人并不痛苦，放弃一个你爱的人才痛苦，爱上一个不爱你的人更加痛苦。爱情必须是双向的才能开花结果，所以在爱情这条路上，必须要遵守红绿灯规则。

真正的爱情，即便是在情感浓厚的时候，也不失去理智；只有在双方自愿的情况下结合，爱情才会长久。虽然爱情常会令人变得盲目，但理智还要存在于相爱之人的心中。如果爱得过分，乱了方寸，失了方向，最后不知道该怎样去爱对方，这样的爱通常都会滋生无尽的痛苦和烦恼。

20世纪30年代上演的一部名为《盲目的爱情》的电影，讲述同窗好友俞汝南和尤温，同时爱上了女伶王幽兰。幽兰属意汝南，于是多次婉拒尤温的邀请。一日，尤温眼见幽兰、汝南相处，妒火中烧，打瞎了汝南的眼睛。幽兰誓为汝南报仇，却被尤温关禁于土窟。汝南整日沉溺于思念中，其表兄蔡君偶闻幽兰已与尤温私奔，遂骗汝南，说幽兰已死。时光荏苒，两人俱已年老，幽兰终于逃出土窟，来见汝南。汝南摸着幽兰枯老的面孔头发，怒斥尤温用一个老丑妇人来假扮幽兰。幽兰大受刺激，拔刀自刎。幽兰临终忍痛唱了一首自己曾经唱过的歌，汝南幡然醒悟，然而幽兰已含泪九泉。

俞汝南、尤温、幽兰三人间的爱情悲剧深深地触动着人心，同时也告诉世人，盲目的爱情有多么可怕。

人所共知，爱情之火活跃、激烈、灼热。但爱情也是一种变化无常的感情，它狂热冲动，时高时低，忽冷忽热，把我们系于一发之上。爱情的不定性让人们常常失去理智。所以人们应当了解哪些是红灯的爱，哪些是绿灯的爱。

在爱情这条斑马线上，需要看清红绿灯，才能审慎前进，才能让自己在爱情的道路上走得更加顺畅，获得幸福的生活。

在深爱中保持自我

再圣洁、再炽热的爱情也是需要私人空间的。

爱一个人，就是无时无刻形影不离吗？

爱一个人，就是完完全全地占有吗？

爱一个人，就是什么都为他（她）做、什么都为他（她）想吗？

爱的执著，这个问题，我们最先想到的往往是女人。有人说，热恋中的女孩智商最低，往往看不清自己，很容易铸成大错。所以，在此提出一些忠告，希望能使她们清醒，希望她们不要把自己丢得太远。

不要太娇贵。现在女孩大多都很娇贵，她们从小受到父母的宠爱，在家中都是有求必应，稍不如意，就吵闹或撒娇。久而之，使她们养成娇柔、傲气的性格，平时遇到半点困难就唉声叹气，最终会使男友厌烦。

不要太柔弱。有些女孩喜欢读徐志摩、席慕容的诗。读了《红楼梦》就把自己当作林黛玉，经常自怜自叹。这样的女孩子因为平时缺乏体育锻炼，所以身体柔弱多病，大部分男人都不希望自己未来的妻子是这样。

不要太尖刻。女孩子最不可取的性格就是尖刻。这些女孩大都长得很漂亮。走路时，她们绝不允许男友的目光在别的女子身上游荡。偶然有之，她们会红颜大怒。男友一时会被她们的相貌吸引，时间一久，容颜渐失，她们就没有任何优势，不能把爱留得长久。

不要太浅薄。现在的社会诱惑太多，浅薄型的女孩往往很早就涉足社会，读书不多，没有较深的思想内涵，她们常因为一些常识性的问题而让人取笑。和男友在一起，她们不懂幽默，无法理解男友语言的精华。因此男友会感觉很枯燥，没有乐趣可言。一些女孩子尽管受过一定程度的教育，但是由于个人修养或品质方面的原因，依然是浅薄的。

然而更为重要的是，不要丧失了自己的独立个性。爱他的同时也要尊重自己。热恋中的女孩很容易丧失自己的独立人格，她完全在爱中迷失掉了。

爱情，只有相爱的两个人心心相印地沟通，才是可能长久的。爱他（她）的同时，也要尊重自己。

如果深爱对方不要试图改变自己去适应对方。可能当初我们真的是由于自己不懂，不知道什么叫爱情、什么叫尊重，或许直到某一天我们才会明白，尊重对方的个性也是一种爱。用包容的胸怀宽恕自己爱人的缺点，给他（她）一个自己的空间，给自己也留一个

自由的空间，在平淡无奇的生活中演绎经典，在无声无语的交流中演绎这份爱。这样，即使是不经意的爱情也将变得永恒。

真正的爱情并不只在我们的想象中，它是一个实际的过程，要在细碎的小事中去体味。两个人相爱，他（她）即是他（她），你即是你；他（她）又是你，你又是他（她）。两个人相互融合，又彼此独立。这个融合的过程就是在互相的交流碰撞中学会接纳、信任、宽容和关爱对方。在这个过程中，又千万不要忽略彼此的个性。两个人彼此依恋、关怀、爱慕，但并不应该过分地依附与妥协。是的，让对方感到快乐是很重要的，但并不代表是一味地去取悦对方。彼此都感觉快乐才是最重要的，这也是爱情的魔力所在。

在人的潜意识里，付出总是希望得到回报的，你放弃自我地去付出，势必在内心深处想要得到的就更多，这是一种补偿心理，也是动机的源头，你必须正视。就像饿了要吃饭、渴了要喝水一样，你爱他多一些，当然会希望他更加爱你，不是吗？然而这就好比藤和树的关系，攀附得太紧，谁也无法存活。

再圣洁、再炽热的爱情也是需要私人空间的。尽管有家的形式，但在同一个屋檐下的两个人也是彼此独立的。谁也不是谁的附属，应该像两棵彼此独立的树一样，肩并肩地去应对生活中的风风雨雨。在全心全意爱对方的同时，也要为自己留一片天空，让心灵能够自由地呼吸，也让爱情能够自由地呼吸。唯有如此，我们才能在深爱对方之时不致迷失方向。

真爱自己便不会强求自己

苏蓉是金融系毕业的高才生，1.68米的身高配上大眼睛、柳叶眉更是娇俏可人，可就是这样一个各方面都很出众的女孩子，却迟迟嫁不出去。原因很简单，俗话说结婚要"门当户对"、恋人要"男才女貌"，所以家境和自身条件都很出众的苏蓉认为自己未来的丈夫应该是各方面都完美的人。遗憾的是这样一个完美的人却迟迟没有出现在苏蓉的世界里。在一年又一年的等待中，闺中密友都已经嫁作人妻，自己的追求者也都络绎而去，苏蓉还是一直苦苦坚守着自己最初的择偶标准，于是，至今美丽的苏蓉仍然孤单地穿梭在这个都市里。

现在的都市，像苏蓉这样的单身大龄白领越来越多，他们用自己内心的标准横扫着这个世界来来往往的人群，却因为自己亘古不变的执著一次又一次大失所望。真爱自己，又何必强求自己？俗话说："人生不如意事常八九。"世界上很少有什么事情会按照自己的愿望圆圆满满地实现。当现实和我们心中的期待发生冲突的时候，难道就没有一种妥协的方法吗？

某大学高才生陈小姐，因相貌欠佳，找工作时总过不了面试关。经历了一次又一次的打击，陈小姐几乎不相信所有的招聘渠道，她决定主动上门专挑大公司推销自己。

她走进一家化妆品公司，面对老总，从一些国际知名化妆品公司的成功之道说到国产品牌的推销妙招，娓娓道来，顺理成章，逻辑缜密。

这位老总很兴奋，亲切地说："小姐，恕我直言，化妆品广告很大程度上是美人的广告——外观很重要。"陈小姐毫不自惭，迎着老总的目光大胆地说："美人可以说这张脸是用了你们的面霜的结果，丑女则可以说这张脸是没有用你们的面霜所致，殊途同归，表达效果不是一样吗？"

最终，她被正式录取了。

陈小姐于劣势之中，以自爱赢得了胜利。

世间芸芸众生，有一个共同的特点，那就是一切都是为了一个"我"，最放不下的也是这个"我"。于是所有人都拼尽一生，去赚取这个"我"所需要的物质享受和精神享受，最终衍生出无穷无尽的痛苦。

真爱自己便不会强求自己，人的一生总会遇到许许多多的人，来来往往中，爱我的人来了又可能走了，世事无常，我们又何必执着于内心那个虚无缥缈的标准？这个世界，很多人都可以去爱，彼此照顾，珍惜即可，不必求完美的心动，相濡以沫，便是最美。

在爱情的征途上，我们不怕燃烧自己，生命的灿烂在于我们涌动不息的生命激情，我们付出、挥洒，我们用自己点亮黯淡的人生，在光和影之间翔舞，境由心造，心境互融，浪漫自生……也许正如张爱玲说的那样，于千万人之中遇见你所要遇见的人，于千万年之中，时间的无涯的荒野里，没有早一步，也没有晚一步，刚巧赶上了，那也没有别的话可说，唯有轻轻地问一声："噢，你也在这里吗？"

每个人都需要一个伟大的梦想

美国一位哲人曾这样说过："很难说世上有什么做不了的事，因为昨天的梦想，可以是今天的希望，并且还可以是明天的现实。"梦想是什么呢？梦想是对美好未来的向往与追求，它在我们的生命中是不可或缺的。没有泪水的人，他的眼睛是干涸的；没有梦想的人，他的世界是黑暗的。

梦想对一个人是很重要的，一个没有梦想的人，就像断了线的风筝一样，没有任何的方向和依靠，就像大海中迷失了方向的船，永远都靠不了岸。只有梦想可以使我们有希望，只有梦想可以使我们保持充沛的想象力和创造力。要想成功，必须具有梦想，你的梦想决定了你的人生。一位成功人士回忆他的经历时说："小学六年级的时候，我考试得了第一名，老师送我一本世界地图，我好高兴，跑回家就开始看这本世界地图。很不幸，那天轮到我为家人烧洗澡水。我一边烧水，一边在灶边看地图，看到一张埃及地图，想到埃及很好，埃及有金字塔，有埃及艳后，有尼罗河，有法老王，有很多神秘的东西，心想长大以后如果有机会我一定要去埃及。

"我正看得入神的时候，突然有人从浴室冲出来，胖胖的，围一条浴巾，用很大的声音跟我说：'你在干什么？'我抬头一看，原来是我爸爸。我说：'我在看地图！'爸爸很生气，说：'火

不要在该动脑子的时候
动感情

都熄了，看什么地图！'我说：'我在看埃及的地图。'我爸爸跑过来'啪、啪'给我两个耳光，然后说：'赶快生火！看什么埃及地图！'打完后，踢我屁股一脚，把我踢到火炉旁边去，用很严肃的表情跟我讲：'我给你保证，你这辈子不可能到那么遥远的地方！赶快生火！'

"我当时看着爸爸，呆住了，心想：'我爸爸怎么给我这么奇怪的保证，真的吗？我这一生真的不可能去埃及吗？'20年后，我第一次出国就去埃及，我的朋友都问我：'到埃及干什么？'那时候还没开放观光，出国是很难的。我说：'因为我的生命不要被保证。'于是我就自己跑到埃及旅行。

"有一天，我坐在金字塔前面的台阶上，买了张明信片寄给我爸爸。我写道：'亲爱的爸爸：我现在在埃及的金字塔前面给你写信。记得小时候，你打我两个耳光，踢我一脚，保证我不能到这么远的地方来，现在我就坐在这里给你写信。'写的时候我的感触很深。我爸爸收到明信片时跟我妈妈说：'哦！这是哪一次打的，怎么那么有效？一脚踢到埃及去了。'"俄国文学家列夫·托尔斯泰说："梦想是人生的启明星。没有它，就没有坚定的方向；没有方向，就没有美好的生活。"

梦想能激发人的潜能。心有多大，舞台就有多大。人是有潜力的，当我们抱着必胜的信心去迎接挑战时，我们就会挖掘出连自己都想象不到的潜能。如果没有梦想，潜能就会被埋没，即使有再多的机遇等着我们，我们也可能错失良机。

有了梦想，你还要坚持下去，如果半途而废，那和没有梦想的人也就没有区别了。如果你能够不遗余力地坚持，就没有什么可以阻止你的理想的实现。

梦想是前进的指南针。因为心中有梦想，我们才会执著于脚下的路，坚定自己的方向不回头，不会因为形形色色的诱惑而迷失方向，更不会被前方的险阻而吓退。

好好规划自己的人生之旅

人之一生，背负的东西太多，钱、权、名、利，都是我们想要的，一个也不想放下，压得我们喘不过气来。人生中有时我们拥有的太多太乱，我们的心思太复杂，我们的负荷太沉重，我们的烦恼太无绪，诱惑我们的事物太多，大大地妨碍了我们，无形而深刻地损害了我们。生命如舟，载不动太多的欲望，怎样使之在抵达彼岸时不在中途搁浅或沉没？我们是否该选择放下，丢掉一些不必要的包袱，那样我们的旅程也许会多一些从容与安康。

明白自己真正想要的东西是什么，并为之而奋斗，如此才不

不要在该动脑子的时候
动感情

枉费这仅有一次的人生。英国哲学家伯兰特·罗素说过，动物只要吃得饱，不生病，便会觉得快乐了。人也该如此，但大多数人并不是这样。很多人忙碌于追逐事业上的成功而无暇顾及自己的生活。他们在永不停息的奔忙中忘记了生活的真正目的，忘记了什么是自己真正想要的。这样的人只会看到生活的繁琐与牵绊，而看不到生活的简单和快乐。

我们的人生要有所获得，就不能让诱惑自己的东西太多，不能让努力的方向过于分叉。我们要简化自己的人生，要学会有所放弃，要学习经常否定自己，把自己生活中和内心里的一些东西断然放弃掉。

仔细想想你的生活中有哪些诱惑因素，是什么一直干扰着你，让你的心灵不能安宁，又是什么让你坚持得太累，是什么在阻止着你的快乐。把这些让你不快乐的包袱通通扔弃。只有放弃我们人生田地和花园里的这些杂草害虫，我们才有机会同真正有益于自己的人和事亲近，才会获得适合自己的东西。我们才能在人生的土地上播下良种，致力于有价值的耕种，最终收获丰硕的粮食，在人生的花园采摘到鲜丽的花朵。

所以，仔细想想你在生活中真正想要什么，认真检查一下自己肩上的背负，看看有多少是我们实际上并不需要的，这个问题看起来很简单，但是意义深刻，它对成功目标的制定至关重要。

要得到生活中想要的一切，当然要靠努力和行动。但是，在开始行动之前，一定要搞清楚，什么才是自己真正想要的。要打

发时间并不难，随便找点儿什么活动就可以应付，但是，如果这些活动的意义不是你设计的本意，那你的生活就失去了真正的意义。你能否提高自己的生活品质，并且使自己满足、有所成就，完全看你能否决定自己真正需要什么，然后能不能尽量满足这些需要。

生活中最困难的一个过程就是要搞清楚我们自己究竟想要什么。大多数人都不知道自己真正想要什么，因为我们不曾花时间来思考这个问题。面对五光十色的世界和各种各样的选择我们更不知所措，所以我们会不假思索地接受别人的期望来定义个人的需要和成功，社会标准变得比我们自己特有的需求还要重要。

我们总是太在意别人的看法，以致我们下意识地接受了别人强加于我们的种种动机，结果，努力过后才发现自己的需求一样

不要在该动脑子的时候
动感情

都没能满足。更复杂的是，不仅别人的意见影响着我们的欲望，我们自己的欲望本身也是变幻莫测的。它们因为潜在的需要而形成，又因为不可知的力量日新月异。我们经常得到过去十分想要的，而现在却不再需要的东西。

如果有什么原因使我们总是得不到自己想要得到的东西的话，这个原因就是你并不清楚自己到底想什么。在你决定自己想要什么、需要什么之前，不要轻易下结论，一定要先做一番心灵探索，真正地了解自己，把握自己的目标。只有这样，你才能在生活中满意地前进。

做主宰自己命运的主人

有这样一个故事，一个诗人听说一个年轻人想跳桥自杀，而他手里拿着的是这个诗人的诗集《命运扼住了我的喉咙》。诗人听说后，拿了另一本诗集，赶紧冲到桥上。诗人来到桥上，走到年轻人面前。年轻人见有人上前，便做出欲跳的姿态说道："你不要过来！你不用劝我，我是不会下来的，命运对我太不公平了。"诗人冷冷地说："我不是来劝你的，我是来取回我那本诗集的。"年轻人很疑惑。诗人说："我要将这本诗集撕碎，不再让它毒害别人的思想，我可以用我手中的这本诗集和你手中的那本交换。"年轻人犹豫了一会儿，答应了诗人的请求。年轻人接过诗人手上的那本诗集，有点儿吃惊，因为诗人手上的那本诗集的名字和原来那本如此的相似，但又是如此的不同——《我扼住了命运的喉咙》。诗人接过年轻人手中的那本诗集，对着它凝望了一会儿，便将它撕得粉碎，撕完后，诗人又说道："当我四肢健全时，我曾多次站在你那里，但当我经历了那场车祸变成残疾后，我便再也没站在那里过。"诗人说完，用深切的目光望着年轻人。年轻人迎着诗人的目光沉思了一会儿，终于从桥上下来了。很多时候，我们和上面这个年轻人一样，总是被身边的人和事牵绊着、主宰着，把自己的人生交给命运去处理，而忘了自己其实是自己人生的主人，我们的命运和心灵应该由自己做主。

如果说生命是一艘航船，那么我们对舵的把握程度，就决定了我们拥有怎样的人生。一个人的命运好不好，首先是自己决定的。敢于主宰和规划人生，奇迹便会不断产生。

世界上的人基本上分为两大类：一种人拥有积极乐观的人生态度，而另外一种人拥有消极悲观的人生态度。不同的人生态度，决定不同的人生结果。那些积极乐观的人，总是自己掌握自己的命运之舵，从而顺利到达幸福的彼岸；而那些消极悲观的人，总是把自己的命运之舵交给别人，或者依靠所谓的命运之神，结果永远在苦海里挣扎。如果有了积极的心态，又能不断地努力奋斗，那么世上一切事情都有成功的可能。如果既没有积极的心态，又不肯好好去努力，那么将永远和幸福失之交臂。

在家长制依然广泛存在的今天，长辈们包办子女的前途似乎

不要在该动脑子的时候
动感情

合情合理，就算偶有意见，被他们的"生存哲学"一训诫，子女也会立刻驯服。上好学校、找稳定工作、结婚生孩子……很多人总是沿着既定的轨迹向前走，按着长辈们的意愿来生活，从来没想过自己也可以开创一个全新的人生。

亨利曾经说过："我是命运的主人，我主宰我的心灵。"做人应该做自己的主人，应该主宰自己的命运，而不能把自己交付给别人。然而，生活中许多人却不能主宰自己，有的人把自己交付给了金钱，成为金钱的奴隶；有的人为了权力，成了权力的俘虏；有的人经不住生活中各种挫折与困难的考验，把自己交给了上帝；有的人经历一次失败后便迷失了自己，向命运低头，从此一蹶不振。

一个不想改变自己命运的人，是可悲的；一个不能靠自己的能力改变命运的人，是不幸的。一个人想获得成功，必定要经过无数的考验，而一个经受不住考验的人是绝对不能干出一番大事的。很多人之所以不能成就大事，关键就在于无法激发挑战命运的勇气和决心，不善于在现实中寻找答案。古今中外的成功者，无不是凭借自己的努力奋斗，掌控命运之舟，在波峰浪谷间破浪扬帆。

每个人都要努力做命运的主人，不能任由命运摆布自己。像莫扎特、凡·高这些历史上的名人都是我们的榜样，他们生前都遭遇过许多挫折，但他们没有屈服于命运，没有向命运低头，而是向命运发起了挑战，最终战胜了命运，成为自己的主人，成了命运的主宰。

目标有价值，人生才有价值

关于人生，关于价值，著名哲学家黑格尔有一个著名的论断，他说："目标有价值，人生才有价值。"可见目标对于人生的重要性，只有了解了自己为何有此一生，确立了自己所要完成的目标，人生才会更有意义。因此，我们要树立自己的目标，而且要树立有价值的目标。

有一次，在高尔夫球场，罗曼·V.皮尔在草地边缘把球打进了杂草区。有一个青年刚好在那里清扫落叶，就和他一块儿找球，那时，那青年很犹豫地说：

"皮尔先生，我想找个时间向你请教。"

"什么时候呢？"我问道。

"哦！什么时候都可以。"他似乎颇为意外。

"像你这样说，你是永远没有机会的。这样吧，30分钟后在第18洞见面谈吧！"皮尔说道。30分钟后他们在树荫下坐下，皮尔先问他的名字，然后说："现在告诉我，你有什么事要同我商量？"

"我也说不上来，只是想做一些事情。"

"能够具体地说出你想做的事情吗？"皮尔问。

"我自己也不太清楚。我很想做和现在不同的事，但是不知道做什么才好。"他显得很困惑。

不要在该动脑子的时候
动感情

"那么，你准备什么时候实现那个还不能确定的目标呢？"皮尔又问。

青年对这个问题似乎既困惑又激动，他说："我不知道。我的意思是有一天。有一天想做某件事情。"于是我问他喜欢什么事。他想一会儿，说想不出有什么特别喜欢的事。

"原来如此，你想做某些事，但不知道做什么好，也不确定要在什么时候去做。更不知道自己最擅长或喜欢的事是什么。"

听皮尔这样说，他有些不情愿地点头说："我真是个没有用的人。"

"哪里。你只不过是没有把自己的想法加以整理，或缺乏整体构想而已。你人很聪明，性格又好，又有上进心。有上进心才会促使你想做些什么。我很喜欢你，也信任你。"

皮尔建议他花两星期的时间考虑自己的将来，并明确决定自己的目标，不妨用最简单的文字将它写下来。然后估计何时能顺利实现，得出结论后就写在卡片上，再来找自己。

两个星期以后，那个青年显得有些迫不及待，至少精神上看来像完全变了一个人似的在皮尔面前出现。这次他带来明确而完整的构想，已经掌握了自己的目标，那就是要成为他现在工作的高尔夫球场经理。现任经理5年后退休，所以他把达到目标的日期定在5年后。

他在这5年的时间里确实学会了担任经理必备的学识和领导能力。经理的职务一旦空缺，没有一个人是他的竞争对手。

又过了几年，他的地位依然十分重要，成为了公司不可缺少的人物。他根据自己任职的高尔夫球场的人事变动决定未来的目标。现在他过得十分幸福，非常满意自己的人生。

塞涅卡有句名言说："如果一个人活着不知道他要驶向哪个码头，那么任何风都不会是顺风。有人活着没有任何目标，他们在世间行走，就像河中的一棵小草，他们不是行走，而是随波逐流。"

没有目标的人生就像没有方向的航船，只能在海上漫无目的地漂泊。为了掌握自己的人生，先要明确你的目标，找到努力的方向，再立即采取行动，不断努力提高自己的能力，促进自己的成长，就能获得满意的人生。

不要在该动脑子的时候
动感情

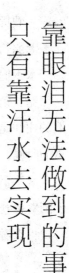

第 3 章

靠眼泪无法做到的事，
只有靠汗水去实现

给自我加重，是一个人不被打倒的唯一的方法

一艘货轮卸货后返航，在浩瀚的大海上，突然遭遇巨大风暴。

老船长果断下令："打开所有的船舱，立刻往里面灌水。"

水手们担忧："险上加险，不是自找死路吗？"

船长镇定地说："大家见过根深干粗的树被暴风刮倒吗？被刮倒的往往是没有根基的小树。空船时，最容易发生危险，船在负重的时候，才是最安全的。"

水手们半信半疑地照着做了，虽然暴风巨浪依旧那么猛烈，但随着货仓里的水越来越满，货轮渐渐地平衡了。

再来看下面的这个故事。

一个黑人小孩在他父亲的葡萄酒厂看守橡木桶。每天早上，他用抹布将一个个木桶擦拭干净，然后一排排整齐地摆放好。令他生气的是，往往一夜之间，风就把他排列整齐的木桶吹得东倒

不要在该动脑子的时候
动感情

西歪。

小男孩很委屈地哭了。父亲摸着男孩的头说："孩子，别伤心，我们可以想办法去征服风。"

于是，小男孩擦干了眼泪坐在木桶边想啊想啊，想了半天终于想出了一个办法。他从井里挑来一桶一桶的清水，然后把它们倒进那些空空的橡木桶里，然后他就忐忑不安地回家睡觉了。

第二天，天刚蒙蒙亮，小男孩就匆匆爬了起来，他跑到放桶的地方一看，那些橡木桶一个个排列得整整齐齐，没有一个被风吹倒，也没有一个被风吹歪。小男孩高兴地笑了，他对父亲说："木桶要想不被风吹倒，就要加重木桶自己的重量。"男孩的父亲赞许地微笑了。

在这个世界上，有很多我们改变不了的东西，但是我们却可以改变自己，改变我们自己心灵的重量，这样我们就可以稳稳地站住脚，不被风和其他东西吹倒和打倒。可以说，给自我加重，是一个人不被打倒的唯一的方法。

不要等别人来拉你，要自己先站起来

从前，有个人得了麻风病，病了近40年，一直躺在路旁，等人把他送到有神奇力量的水池边。但是他躺在那儿近40年，仍然没有往水池迈进半步。

　　有一天，天神碰见了他，问道："先生，你要不要被医治，解除病魔？"

　　麻风病人说："当然要！可是人心好险恶，他们只顾自己，绝不会帮我。"

　　天神听后，再问他说："你要不要被医治？"

　　"要，当然要啦！但是等我爬过去时，水都干涸了。"

　　天神听了那麻风病人的话后，有点生气，再问他一次："你到底要不要被医治？"

　　不要在该动脑子的时候～～～～～
～～～～～动感情

他说:"要!"

天神回答说:"好,那你现在就站起来自己走到那水池边去,不要老是找一些不能完成的理由为自己辩解。"

听后,那麻风病人深感羞愧,立即站起身来,走向池水边去,用手心盛着神水喝了几口。刹那间,他那纠缠了近40年的麻风病竟然好了!

当你跌倒时,不要等着别人来拉你,你先要自己站起来。不要为目前的处境找寻失败的借口,而应该立刻行动起来。很多时候,我们都能够依靠自己站起来。

想做就立刻去做,不要有半点迟疑

孟列·史威济非常喜欢打猎和钓鱼,他最喜欢的生活是带着钓鱼竿和猎枪步行50里到森林里,过几天以后再回来,虽然精疲力尽、满身污泥,但他快乐无比。这个嗜好唯一不便的是,他是个保险推销员,打猎钓鱼太花时间。

有一天,当他依依不舍地离开心爱的鲈鱼湖,准备打道回府时突发异想:在这荒山野地里会不会也有居民需要保险?那他不就可以同时工作又有户外时间了吗?结果他发现果真有这种人,他们是阿拉斯加铁路公司的员工。他们散居在沿线五百里各段路轨的附近。他可不可以沿铁路向这些铁路工作人员、猎人和淘金者推销保险呢？

史威济就在想到这个主意的当天开始积极计划。他向一个旅行社打听清楚以后，就开始整理行装。他没有停下来让恐惧乘虚而入，他也不左思右想找借口，他只是搭上船直接前往阿拉斯加的"西湖"。

史威济沿着铁路走了好几趟，那里的人都叫他"步行的史威济"，他成为那些与世隔绝的家庭最欢迎的人。同时，他也代表了外面的世界。不但如此，他还学会理发，替当地人免费服务。他还无师自通地学会了烹饪。由于那些单身汉吃厌了罐头食品和腌肉之类，他的手艺当然使他变成最受欢迎的贵客。而在这同时，他也正在做一件自然而然的事，正在做自己想做的事：徜徉于山野之间、打猎、钓鱼，并且像他所说的"过史威济的生活"。

在人寿保险事业里，对于一年卖出100万元以上的人设有光荣的特别头衔，叫作"百万圆桌"。史威济的故事中，最不平常而使人惊讶的是，在他把突发的一念付诸实行以后，在动身前往阿拉斯加的荒原以后，在沿线走过没人愿意前来的铁路以后，他一年之内就做成了百万元的生意，因而赢得"百万圆桌"上的一席之位。假使他在突发奇想时，对于做事的秘诀有半点迟疑，这一切都不可能发生。

很多事本来是可以做成的，但由于当时犹豫不决而错过了时机，或由于考虑太多而放弃了。如果下定决心后，就要立刻去做，这样会激发你的潜能，会使你最渴望的梦想得以实现。

不要在该动脑子的时候
动感情

贫穷是一所学校，只有通过劳动才能毕业

汤姆的父亲去世了，当时他只有10岁，别的孩子还都在尽情玩耍的时候，汤姆却承担起了家庭的重担，他要和妈妈一起支撑家庭。他知道这不是一件简单的事，但他必须这样做，因为他是家里唯一的男子汉。

他从来不张口向母亲要任何东西，但是这一次，他需要一本字典，这样才能把那门课上好。但怎么向妈妈要这些钱呢？看到母亲整天省吃俭用为了这个家而操劳，汤姆心里实在不是滋味。

躺在床上他彻夜未眠，天快亮的时候才昏昏沉沉地睡去。第二天醒来的时候，大雪盖住了所有的路，寒风吹得每个人都不想去扫雪。

但汤姆可不这样想，他知道自己挣钱的机会到了。于是，他跑到邻居家，提出替他们清扫屋前的积雪，这个建议被邻居接受了。当他完成这项工作后，他得到了自己应得的报酬。

看来还有其他的人也愿意让人替他们扫雪，就这样汤姆换了一家又一家，整整一天他都在为别人家扫雪，最后他赚的钱足够买一本字典了，而且还有剩余。

当他回到家的时候，发现自己家门口的雪早已经被扫干净了。母亲做好了热呼呼的饭，正在家里等他回家呢。母亲知道他干什么去了，她用鼓励的眼神看着自己的孩子，她相信汤姆是最

懂事的孩子，他将来一定会取得很大成就的。

汤姆坐在自己的座位上，在所有的孩子中他是最开心的，因为他手里有一本用自己赚的钱买的字典。

长大后的汤姆成了一家大型公司的董事长。

再来看下面的这个故事。

亨利的父亲过世了，他还有一个两岁大的妹妹，母亲为了这个家整日操劳，但是赚的钱难以让这个家的每个人都能填饱肚子。看着母亲日渐憔悴的样子，亨利决定帮妈妈赚钱养家，因为他已经长大了，应该为这个家贡献一份自己的力量了。

一天，他帮助一位先生找到了他丢失的笔记本，那位先生为了答谢他，给了他一美元。

亨利用这一美元买了三把鞋刷和一盒鞋油，还自己动手做了个木头箱子。带着这些工具，他来到了街上，每当他看见路人的皮鞋上全是灰尘的时候，就对那位先生说："先生，我想您的鞋需要擦油了，让我来为您效劳吧？"

他对所有的人都是那样有礼貌，语气是那么真诚，以至于每一个听他说话的人都愿意让这样一个懂礼貌的孩子为自己的鞋擦油。他们实在不愿意让一个可怜的孩子感到失望，他们知道这个孩子肯定是一个懂事的孩子，面对这么懂事的孩子，怎么忍心拒绝他呢！

就这样，第一天他就带回家50美分，他用这些钱买了一些食品。他知道，从此以后每一个人都不需要再挨饿了，母亲也不

不要在该动脑子的时候 动感情

用像以前那样操劳了，这是他能办到的。

当母亲看到他背着擦鞋箱，带回来这些食品的时候，她流下了高兴的泪水。"你真的长大了，亨利。我不能赚足够的钱让你们过得更好，但是我相信我们将来可以过得更好。"妈妈说。就这样，亨利白天工作，晚上去学校上课。他赚的钱不仅为自己交了学费，还足够维持母亲和小妹妹的生活了。他知道工作不分贵贱，只要是靠自己的劳动赚钱就是光荣的。

长大后的亨利成了一个远近闻名的百万富翁。

很多成功人士的家境原先都很贫穷，但正是由于贫穷，才迫使他们早早地学会了劳动——因为劳动可以改变贫穷。贫穷是一所学校，只有通过劳动才能得到金光灿灿的"毕业证书"。

只有不停地奋斗，才能成为生活的强者

很多年以前，有一个年轻人，因为家贫没有读多少书，他去了城里，想找一份工作。可是他发现城里没一个人看得起他，因为他没有文凭。

就在他决定要离开那座城市时，忽然想给当时很有名的银行家罗斯写一封信。他在信里抱怨了命运对他如何不公："如果您能借一点钱给我，我会先去上学，然后再找一份好工作。"

信寄出去了，他便一直在旅馆里等，几天过去了，他用尽了身上的最后一分钱，并将行李打好了包。就在这时，房东说有他一封信，是银行家罗斯写来的。可是，罗斯并没有对他的遭遇表示同情，而是在信里给他讲了一个故事。

罗斯说，在浩瀚的海洋里生活着很多鱼，那些鱼都有鱼鳔，但是唯独鲨鱼没有鱼鳔。没有鱼鳔的鲨鱼照理来说是不可能活下去的，因为它行动极为不便，很容易沉入水底，在海洋里只要一停下来就有可能丧生。所以，为了生存，鲨鱼只能不停地运动，不停地为生存而奋斗。很多年后，鲨鱼拥有了强健的体魄，成了同类中最凶猛的鱼。最后，罗斯说，这个城市就是一个浩瀚的海洋，拥有文凭的人很多，但成为强者的人很少。你现在就是一条没

只有不停地奋斗，

才能成为生活的强者。

有鱼鳔的鱼……

那天晚上，这个年轻人躺在床上久久不能入睡，一直在想着罗斯的信。突然，他改变了决定。第二天，他跟旅馆的老板说，只要能给一碗饭吃，他就可以留下来当服务生，连一分钱工资都不要。旅馆老板不相信世上有这么便宜的劳动力，很高兴地留下了他。

10年后，他拥有了令全美国羡慕的财富，并且娶了银行家罗斯的女儿，他就是石油大王哈特。

我们知道，在这个世界上，只有强者才能生存得更好。每个人总有自己不如意的地方，但这不能成为逃避的借口。只要放下姿态，不停地去奋斗，就一定能够成为生活的强者。

勇敢地迎接挑战，才能无愧于人生

艾森豪威尔是美国第34任总统，他年轻时经常和家人一起玩纸牌游戏。

一天晚饭后，他像往常一样和家人打牌。这一次，他的运气特别不好，每次抓到的都是很差的牌。开始时他只是有些抱怨，后来，他实在是忍无可忍，便发起了少爷脾气。

一旁的母亲看不下去了，正色道："既然要打牌，你就必须用手中的牌打下去，不管牌是好是坏。好运气是不可能都让你碰上的！"

艾森豪威尔听不进去，依然忿忿不平。母亲于是又说："人生就和打牌一样，发牌的是上帝。不管你名下的牌是好是坏，你都必须拿着，你都必须面对。你能做的，就是让浮躁的心情平静下来，然后认真对待，把自己的牌打好，力争达到最好的效果。这样打牌，这样对待人生才有意义！"

艾森豪威尔此后一直牢记母亲的话，并激励自己积极进取。就这样，他一步一个脚印地向前迈进，成为中校、盟军统帅，最后登上了美国总统之位。

一味埋怨是没有半点用处的，也无法改变现状。印度前总理尼赫鲁也曾经说过这样一句话："生活就像是玩扑克，发到手的牌是定了的，但你的打法却取决于自己的意志。"

我们无法选择也无力改变自身的生存环境，但如何适应环境则全靠自己把握。面对挫折，心浮气躁、怨天尤人解决不了任何问题。我们只有端正态度，勇敢地迎接挑战，并尽力做好每一件事，才能无愧于人生。

很多事情不是不可能，而是看你有多大的决心去尝试

1992 年的时候，张明正还是个手里拿着 5000 美元在洛杉矶创业刚刚两年多的小人物，他的"趋势科技"公司在全球的高科技行业中很少有人知道，他还名不见经传。

但是跨入 21 世纪以后，他的公司市值达到 100 亿美元。他本人连续两年被美国《商业周刊》选为"亚洲之星"。在全球的高科技行业中，不知道他的人已经很少了。

他的事业的转折点就在他名不见经传的 1992 年。一天，他突发奇想，要与著名的英特尔公司合作。

机会终于来了。英特尔网络部门的主管将在纽约参加一个研讨会，张明正前去求见。

第一次去，秘书上下打量着他，看看这个陌生的没有名气的普通的年轻人，然后冷冷地说了一句："主管没有时间。"

第二次去，秘书见是他，不假思索地说："没时间。"

第三次去，秘书见又是他，马上说："主管太忙了，他没有时间。"

第四次、第五次……张明正下决心非要见到主管不可。

他锲而不舍地求见，终于使秘书的态度软了下来，告诉他："主管在开会，什么时候结束说不清楚，您如果愿意可以等他。"

张明正当然愿意等。他一分钟一分钟地等，一小时一小时地等。在等过了 5 个小时之后，他终于见到了日夜盼望的主管。

他告诉主管，他找了他

多少次，等了他多少个小时，主管大为惊讶。

主管想：他费这么大劲儿找我，一定有重要事情。于是，他耐心地倾听了这个年轻人讲述自己的公司和公司的产品防毒软件。听着听着，这位主管产生了兴趣，答应使用他们的防毒软件，不仅下了大量订单，竟然还同意张明正以英特尔的品牌行销。

张明正没想到后面的事情竟然这样顺利。他知道，像英特尔这样的大牌公司从来不与名不见经传的小公司合作，能够与他合作，真是绝无仅有，他感到万分幸运。

后来在接受采访时，他感慨万千地说："很多事情不是不可能，而是看你有多大的决心去尝试。"浅尝辄止，尝试了也等于没有尝试。非得本着破釜沉舟的态度，志在必得，才有成功的希望。他说，怕什么呢？他不理你，反复让你吃闭门羹，你又损失了什么呢？什么也不损失，反而得到了磨炼的机会。

哪怕有百分之

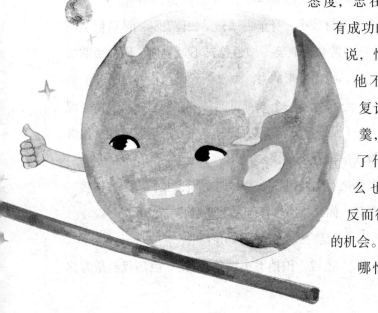

一的机会，我们都应该努力去反复尝试，很多事情不是不可能，而是看你有多大的决心去尝试。对于我们每一个人来说，把握机会并且付诸行动，成功并不是件难事。

勇敢地面对别人轻视嘲笑的目光，做生活中真正的强者

丹尼斯·罗杰斯上高中时，只有 1.5 米的身高，36 公斤的体重，是一个地道的"矮子"。他的脊柱有些弯曲，整个上身看上去弯成一个问号的样子，那也是他面向自己将来人生的疑问："我是谁？我将来能干什么？"他不知道。唯一确知的是，自己是一个矮子，他的身高连普通标准都达不到。

由于罗杰斯身材矮小，身单力薄，学校体育队的队员们老叫他"侏儒"。他们常拿他取笑。知道他打不过他们，便常来欺负他，故意绊倒他，抢他手里的书。罗杰斯经常生活在被恐吓的阴影之中。而且，学校里每一个人都可能是潜在的恐吓者。体育课是他最难受的一门课，有竞赛的项目，哪一方也不愿要他，他常像皮球一样被踢来踢去。

一天，老师把罗杰斯叫到一边："丹尼斯，我们决定替你转一个班，从现在起，你到特殊教育班去上课吧！"

"特教班？可那是为残疾学生开的班呀！"

"我很抱歉，"他说，拍拍罗杰斯的肩膀，"但是我们是为你

不要在该动脑子的时候 动感情

着想。"

放学了，罗杰斯回到家，"砰"的一声关上房门，在镜子前仔细端详自己：弯腰驼背，手臂细得可怜。他失望地倒在床上。"为什么？为什么我会长成这样？"罗杰斯站起身来，望着父亲在院子里干活的身影发呆。父亲虽然也是小个子，却曾在军队服役，身上肌肉发达，没人敢欺负他。罗杰斯暗自下了决心。

父亲帮助他自制了一个举重用的杠铃。每天晚上，他都到楼下的储藏室去练习举重。一次次地，罗杰斯逐渐能举起杠铃了。他又不时往上加重量，往往一次加上5磅，他必须要拼足全部力气才能举起来。对罗杰斯来说，这不仅仅是举杠铃，这是向自我挑战。

他要改变自己弱不禁风的形象。怎么办？他开始吃大量富含蛋白质的牛奶、鸡蛋等营养品，并在各种健美杂志中寻求帮助。6个月后，在罗杰斯17岁生日的这一天，他仍然只有1.52米高，体重40公斤。

父亲替人做船上用的帆布帐篷。罗杰斯常帮父亲干活儿。一天，他把一卷帆布从汽车里搬到山坡上的工场去。这卷帆布大概有6英尺长、80多公斤重。他把它扛上肩，往前迈了一步。哟！好重！但是，他不能扔下！他跟跟跄跄地爬上山坡，累得满头大汗。但是，最终他一个人把这卷帆布扛上了山坡！他惊讶不已，简直不敢相信自己的锻炼已经初见成效！

罗杰斯做了一个实验：在杠铃上放上迄今为止能举起的重

量，然后再加上额外的 50 磅。"不要去想你的个子，"他告诉自己，"举就是了，你能行。"他举了，居然举起来了！他知道为什么自己能举起这么重的东西了。过去，他总认为自己的个子小，越是这样，就越是限制了自己潜能的挖掘，更说不上发挥了。

从此，罗杰斯开始正规地学习举重，每天都去体育馆训练。他的肌肉增加了，力气增大了，微驼的脊背伸直了。有不少在这里锻炼的人都爱扳手腕，他也加入进去。最初，当罗杰斯在他们面前坐下的时候，他们都以嘲笑的眼光看着他。罗杰斯不理会这些，他把他们一个一个地都打败了。但是，罗杰斯输给了一个叫鲍勃的人。

一天，罗杰斯在健美杂志上看见一则东海岸将举行扳手腕比赛的广告，欢迎各路精英参加。他告诉鲍勃，自己也想去参加比赛。

"想都别想，"鲍勃说，"那都是一些专业人士，他们一年到头都在训练。弄不好，你还会受伤的。"

罗杰斯不相信，他走进了东海岸扳手腕比赛的现场。罗杰斯遇到了同样轻视嘲笑的目光。然而，他打败了所有的对手。比赛结束的时候，罗杰斯成了冠军，一个真正的强者。

别人看不起我们没关系，重要的是我们自己要肯定自己，绝不能自暴自弃。只有充满信心，不断炼练自己，让自身逐步完善壮大，才能击碎别人轻视嘲笑的目光，做生活中真正的强者。

信念达到了顶点，就能够产生惊人的效果

信念是欲望人格化的结果，是一种精神境界的目标。信念一旦确定，就会形成一种成就某事或达到某种预期的巨大渴望，这种渴望所激发出来的能量，往往会超出我们的想象。由信念之火所点燃的生命之灯是光彩夺目的。

美国的罗杰·罗尔斯是纽约的第53任州长，也是纽约历史上的第一位黑人州长。他出生于纽约声名狼藉的大沙头贫民窟。那里环境肮脏，充满暴力，是偷渡者和流浪汉的聚集地，他从小就学会了逃学、打架，甚至偷窃。直到一个叫皮尔·保罗的人当了罗杰·罗尔斯所在小学的校长。

有一天，罗杰·罗尔斯正在课堂上捣乱，校长就把他叫到了身边，说要给他看手相。于是罗尔斯从窗台上跳下，伸着小手走向讲台，皮尔·保罗说：我一看你修长的手指就知道，将来你是纽约州的州长。当时，罗尔斯大吃一惊，因为长这么大，只有他奶奶让他振奋过一次，说他可以成为5吨重的小船的船长。这一次，皮尔·保罗先生竟说他可以成为纽约州的州长，着实出乎他的预料。他记住了这句话，并且相信了它。

从那天起，纽约州州长就像一面旗帜飘扬在他的心间。他的衣服不再沾满泥土，他说话时也不再夹杂污言秽语，他开始挺直腰杆走路，他成了班主席。在以后的几十年里，他没有一天不按

州长的身份要求自己。51岁那年，他真的成了州长。在他的就职演说中有这么一段话，他说：信念值多少钱？信念是不值钱的，它有时甚至是一个善意的欺骗，然而你一旦坚持下来，它就会迅速升值。这正如马克·吐温所说的，信念达到了顶点，就能够产生惊人的效果。

成功者的人生轨迹告诉我们，信念，是立身的法宝，是托起人生大厦的坚强支柱；信念，是成功的起点，是保证人追求目标成功的内在驱动力。信念，是一团蕴藏在心中的永不熄灭的火焰，是一条生命涌动不息的希望长河。

著名的黑人领袖马丁·路德·金说过："这个世界上，没有人能够使你倒下，如果你自己的信念还站立着的话。"所以，信念的力量，在于使身处逆境的你，扬起前进的风帆；信念的伟大，在于即使遭受不幸，亦能召唤你鼓起生活的勇气；信念的价值在于支撑人对美好事物一如既往地孜孜追求。

当然，如果一个人选择了错误的信念，那必将是对生命致命的打击，起码也会让人变得平庸。错误的信念会夺去你的能量、你的欲望和你的未来。曾有研究者做过这样一个实验：他们把善于攻击鲦鱼的梭鱼放在一个玻璃钟罩里，然后把这个玻璃钟罩放进一个养着鲦鱼的水箱中。罩里的梭鱼看到鲦鱼后，立刻发动了几次攻击，结果它敏感的鼻子狠狠地撞到了玻璃壁上。几次惨痛的尝试之后，梭鱼最终放弃，并完全忽视了鲦鱼的存在。当钟罩被拿走后，鲦鱼们可以自由自在地在水中四处游荡，即使当它们

不要在该动脑子的时候 动感情

游过梭鱼鼻子底下的时候，梭鱼也继续忽视它们。由于一个建立在错误信念基础之上的死结，这条梭鱼终因不顾周围丰富的食物而把自己饿死了。在现实生活中，又有多少错误的信念成了束缚我们的玻璃钟罩呢？

人生是一连串选择的结果，而有了正确的信念，会成就我们的一生。人生的变数很多，然而，不管世事如何变幻，只要心中升腾着信念的火焰，艰难险阻就都将不复存在。

拿出 150% 的努力，不管做什么事都要这样

卡罗斯·桑塔纳是一位世界级的吉他大师，他出生在墨西哥，17 岁的时候随父母移居美国。由于英语太差，刚开始桑塔纳在学校的功课一团糟。

有一天，他的美术老师克努森把他叫到办公室，说："桑塔纳，我翻看了一下你来美国以后的各科成绩，除了'及格'就是'不及格'，真是太糟了。但是你的美术成绩却有很多'优'，我看得出你有绘画的天分，而且我还看得出你是个音乐天才。如果

你想成为艺术家，那么我可以带你到旧金山的美术学院去参观，这样你就能知道你所面临的挑战了。"

几天以后，克努森便真的把全班同学都带到旧金山美术学院参观。在那里，桑塔纳亲眼看到了别人是如何作画的，深切地感到自己与他们的巨大差距。

克努森告诉他说："心不在焉、不求进取的人根本进不了这里。你应该拿出150%的努力，不管你做什么或想做什么都要这样。"

克努森的这句话对桑塔纳影响至深，并成为他的座右铭。2000年，桑塔纳以《超自然》专辑一举获得了8项格莱美音乐大奖。

很多时候，一个人不能成功往往并不是因为天分不足，而是因为没有付出足够的努力。无论做什么事，要想成功，都必须找出差距，然后付出比别人多得多的努力来填补这一差距，只有这样才能赶上并超过别人。

成为命运的强者

苦难是孕育智慧的摇篮，它不仅能磨炼人的意志，而且能净化人的灵魂。如果没有坎坷和挫折，人绝不会有丰富的内心世界。苦难毁掉弱者，造就强者。

1899年7月21日，海明威出生于美国伊利诺伊州芝加哥市郊

不要在该动脑子的时候
动感情

的橡树园镇。他 10 岁开始写诗，17 岁时发表了他的小说《马尼托的判断》。上高中期间，海明威在学校周刊上发表了不少作品。

14 岁时，他曾学习过拳击。第一次训练，海明威被打得满脸鲜血，躺倒在地。但第二天，海明威还是裹着纱布来了。20 个月之后，海明威在一次训练中被击中头部，伤了左眼，这只眼睛的视力再也没有恢复。

1918 年 5 月，海明威志愿加入赴欧洲红十字会救护队，在车队当司机，被授予中尉军衔。7 月初的一天夜里，他的头部、胸部、上肢、下肢都被炸成重伤，人们把他送进野战医院。他的膝盖被打碎了，身上中的炮弹片和机枪弹头多达 230 余个。他一共做了 13 次手术，换上了一块白金做的膝盖骨。有些弹片没有取出来，到去世时仍留在体内。他在医院躺了 3 个多月，接受了意大利政府颁发的十字军勋章和勇敢勋章，这一年他刚满 19 岁。

1929 年，海明威的《永别了，武器》问世，作品获得了巨大的成功。成功后的海明威便开始了他新的冒险生活。1933 年，他去非洲打猎和旅行，并出版了《非洲的青山》一书。1936 年，他写成了短篇小说《乞力马扎罗的雪》和《麦康伯短暂的幸福生活》。

1939 年，他完成了他最优秀的长篇小说《丧钟为谁而鸣》。

日本偷袭珍珠港后，海明威参加了海军，他以自己独特的方式参战，改装了自己的游艇，配备了电台、机枪和几百磅炸药，到古巴北部海面搜索德国的潜艇。

1944 年，他随美军在法国北部诺曼底登陆。他率领法国游击队深入敌占区，获取大量情报，并因此获得一枚铜质勋章。

他靠着顽强的性格战胜了许多在常人看来是不可能战胜的困难和挫折。就在他生命的最后，海明威鼓足力量，做了最后的冲刺。1952年发表的中篇小说《老人与海》给他带来了普利策文学奖和诺贝尔文学奖的崇高荣誉。《老人与海》中的老人是海明威最后的硬汉形象。那位老人遇到了比不幸和死亡更严峻的问题——失败。老人拼尽全力，只拖回一具鱼骨。"一个人生来不是被打败的，你尽可以消灭他，可就是打不败他。"这是老人的话，也是海明威人生的写照。

成功的人有着顽强拼搏的性格，这会让他们在困难和挫折面前越挫越勇，最后成为"真的猛士"，并在历经艰难险阻、风风雨雨后收获了一片属于自己的阳光。

面对困难，你强它便弱

一个女儿对她的父亲抱怨，说她的生命如何痛苦、无助，她是多么想要健康地走下去，但是她已失去方向，整个人惶惶然然，只想放弃。她已厌烦了抗拒、挣扎，但是问题似乎一个接着一个，让她毫无招架之力。

父亲二话不说，拉起心爱的女儿，走进厨房。他烧了3锅水，当水沸腾之后，他在第一个锅里放进萝卜，第二个锅里放了

不要在该动脑子的时候
动感情

一颗蛋，第三个锅则放进了咖啡。

女儿望着父亲，不明所以，而父亲只是温柔地握着她的手，示意她不要说话，静静地看着滚烫的水，以炽热的温度煮着锅里的萝卜、蛋和咖啡。一段时间过后，父亲把锅里的萝卜、蛋捞起来各放进碗中，把咖啡过滤后倒进杯子，问："你看到了什么？"

女儿说："萝卜、蛋和咖啡。"

父亲把女儿拉近，要女儿摸摸经过沸水烧煮的萝卜，萝卜已被煮得软烂；他要女儿拿起这颗蛋，敲碎薄硬的蛋壳，她细心地观察着这颗水煮蛋；然后，他要女儿尝尝咖啡，女儿笑起来，喝着咖啡，闻到浓浓的香味。

女儿问："爸，这是什么意思？"

父亲解释：这3样东西面对相同的环境，也就是滚烫的水，反应却各不相同：原本粗硬、坚实的萝卜，在

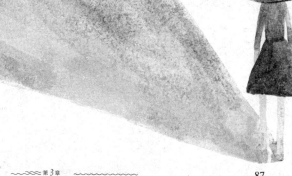

滚水中却变软了；这个蛋原本非常脆弱，它那薄硬的外壳起初保护了液体似的蛋黄和蛋清，但是经过滚水的沸腾之后，蛋壳内却变硬了；而粉末似的咖啡却非常特别，在滚烫的热水中，它竟然改变了水。

"你呢？我的女儿，你是什么？"父亲慈爱地问虽已长大成人，却一时失去勇气的女儿，"当逆境来到你的门前，你有何反应呢？你是看似坚强的萝卜，痛苦与逆境到来时却变得软弱、失去了力量吗？或者你原本是一颗蛋，有着柔顺易变的心？你是否原是一个有弹性、有潜力的灵魂，但是在经历死亡、分离、困境之后，变得僵硬顽强？也许你的外表看来坚硬如旧，但是你的心灵是不是变得又苦又倔又固执？或者，你就像是咖啡？咖啡将那带来痛苦的沸水改变了，当它的温度高达100℃时，水变成了美味的咖啡，当水沸腾到最高点时，它就越加美味。如果你像咖啡，当逆境到来、一切不如意的时候，你就会变得更好，而且将外在的一切转变得更加令人欢喜。懂了吗，我的宝贝女儿？你要让逆境摧折你，还是你主动改变，让身边的一切变得更美好？"

在人生的道路上，谁都会遇到困难和挫折，就看你能不能战胜它。战胜了，你就是英雄，就是生活的强者。

不要在该动脑子的时候
动感情

第 **4** 章

你的孤独，
虽败犹荣

拒绝轻浮，心若玫瑰自芬芳

我们要认真地对待爱情，虚假不得，轻浮不得，玩弄不得，不要因为寂寞去相爱，不要因为贪欲去相爱。爱情既要勇敢地去付出，也要谨慎地去应对。

小娜空窗期有一段日子了。她开始周旋在几个男人之间，和他们不断暧昧着。然而，独自回家的时候，还是感到寂寞。

周末小娜到乡野间漫游。在参天大树下，看到点点光芒。那是一朵黄色的小雏菊，一种生命力非常顽强的花，在没有人关注，也没有人欣赏的情况下，它就那么独自怒放着，它是在开给自己看啊。不管有没有人呵护它，它在自然的洗礼下，都不吵不闹，静静地舒展着、绽放着美丽的身躯。

那一刻，她猛然醒悟，她也可以做一朵孤芳自赏的花！她想：失去工作，失去爱情，我还有尊严啊，我这么年轻，怎么能

不要在该动脑子的时候
动感情

这么自甘堕落？我的生活没有人欣赏，我完全可以自己欣赏啊！

想到这里，小娜心里豁然开朗，就如同佛家所说的：顿悟。

于是回到市里，小娜到商场买了几身合适的衣服，把以前不用的化妆品都找了出来，把自己打扮得焕然一新。看着镜子中的自己，她仿佛看到了一个全新的自我，于是她决定快乐起来，每天打扮得漂漂亮亮，并且让自己有一个好心情。

做一朵静静开放的花。这句话就像一缕和煦的春风，拂过小娜心中那愤愤不平的冰凌，慢慢地将它们融化。是的，纵然自己的才华无人欣赏，那么，就自己欣赏吧，那也是一种美丽。

小娜不再怨天尤人，而是脚踏实地地做人、做事。在银行工作的小娜仍很努力地完成任务，仍不断地写一些建设性的文章贴在内部网上，她真诚地做一些让自己欣赏的事情，而不再在乎别人的评价，不再计较得失，宠辱不惊地做着一朵孤芳自赏的花。

在一次联谊聚会中，小娜遇到了现在的丈夫。一个优秀的男人向她表示了他的爱慕。他说：当初一见你，就觉得你的心中是有独自绽放的美好的。小娜淡淡地笑了。

是啊，无论是否在恋爱中，我们都要爱自己，不要举止轻浮。在失意的日子里，不要自暴自弃。当我们学会欣赏自己、让自己坦然地面对爱人、直视心中小小的角落时，一切美好都将朝我们而来。

寂寞成长，无悔青春

每个想要突破目前的困境的人首先都需要耐得住寂寞，只有在寂寞中才能催生一个人的成长。

曾有人在谈及寂寞降临的体验时说："寂寞来的时候，人就仿佛被抛进一个无底的黑洞，任你怎么挣扎呼号，回答你的，只有狰狞的空间。"的确，在追寻事业成功的路上，寂寞给人的精神煎熬是十分厉害的。想在事业上有所成就，自然不能像看电影、听故事那么轻松，必须得苦修苦练，必须得耐疑难、耐深奥、耐无趣、耐寂寞，而且要抵得住形形色色的诱惑。能耐得住寂寞是基本功，是最起码的心理素质。耐得住寂寞，才能不赶时髦，不受诱惑，才不会浅尝辄止，才能集中精力潜心于所从事的工作。耐得住寂寞的人，等到事业有成时，大家自然会投来钦佩的目光，这时就不寂寞了。而有着远大志向却耐不住寂寞，成天追求热闹，终日浸泡在欢乐场中，一混到老，最后什么成绩也没有的人，那就将真正寂寞了。其实，寂寞不是一片阴霾，寂寞也可以变成一缕阳光。只要你勇敢地接受寂寞，拥抱寂寞，以平和的爱心关爱寂寞，你会发现，寂寞并不可怕，可怕的是你对寂寞的惧怕；寂寞也不烦闷，烦闷的是你自己内心的空虚。

曾获得奥斯卡最佳导演奖的华人导演李安，在去美国念电影学院时已经26岁，遭到父亲的强烈反对。父亲告诉他，纽约百

不要在该动脑子的时候
动感情

老汇每年有几万人去争几个角色，电影这条路走不通的。李安毕业后，7年，整整7年，他都没有工作，在家做饭带小孩。有一段时间，他的岳父岳母看他整天无所事事，就委婉地告诉女儿，也就是李安的妻子，准备资助李安一笔钱，让他开个餐馆。李安自知不能再这样拖下去，但也不愿接受丈母娘家的资助，决定去社区大学上计算机课，从头学起，争取找到一份安稳的工作。李安背着老婆硬着头皮去社区大学报名，一天下午，他的太太发现了他的计算机课程表。他的太太顺手就把这个课程表撕掉了，并跟他说："安，你一定要坚持自己的理想。"

因为这一句话、这样一位明理聪慧的老婆，李安最后没有去学计算机，如果当时他去了，多年后就不会有一个华人站在奥斯卡的舞台上领那个很有分量的大奖。

李安的故事告诉我们，人生应该做自己最喜欢最爱的事，而且要坚持到底，把自己喜欢的事发挥得淋漓尽致，必将走向成功。

如果你真正的最爱是文学，那就不要为了父母、朋友的谆谆教诲而去经商；如果你真正的最爱是旅行，那就不要为了稳定选择一个一天到晚坐在电脑前的工作。

你的生命是有限的，但你的人生却是无限精彩的。也许你会成为下一个李安。

但你需要耐得住寂寞，7年你等得了吗？很有可能会更久，你等得到那天的到来吗？别人都离开了，你还会在原地继续等待吗？

一个人想成功，一定要经过一段艰苦的过程。任何想在春花秋月中轻松获得成功的人距离成功遥不可及。这寂寞的过程正是你积蓄力量，开花前奋力地汲取营养的过程。如果你耐不住寂寞，成功永远不会降临于你。

你的孤独，虽败犹荣

在这个世界上，每一个人都经历过无数次的失败。当然，也包括富人在内，他们的成功也并非是一帆风顺的。

没有人不想成为富人，也没有人不想拥有财富，但很多人在追求财富的过程中要么被困难打败，要么对挫折望而却步、半途而废。如果我们换个角度来看问题就不一样了：世界上根本就没有所谓的失败，只有暂时的不成功。这也正是富人们的信条，正是因为在他们的字典里没有"失败"，他们才不会放弃，才会继续努力，他们知道不成功只是暂时的，总有一天他们会成功！

金融家韦特斯真正开始自己的事业是在17岁的时候，他赚了第一笔钱，也是第一次得到教训。那时候，他的全部家当只有255块钱。他在股票的场外市场做掮客，在不到一年的时间里，他发了大财，一共赚了168000元。拿着这些钱，他给自己买了第一套好衣服，在长岛给母亲买了一幢房子。但是这个时候，第一次世界大战结束了，韦特斯以为和平已经到来，就拿出了自己的全部积蓄，以较低的价格买下了雷卡瓦那钢铁公司。"他们把我剥光了，只留下4000元给我。"韦特斯最喜欢说这种话，"我犯了很多错，一个人如果说他从未犯过错，那他就是在说谎。但是，我如果不犯错，也就没有办法学乖。"这一次，他学到了教训。"除非你了解内情，否则，绝对不要买大减价的东西。"

他没有因为一时的挫折而放弃，相反，他总结了相关的经验，并相信他自己一定会成功。后来，他开始涉足股市，在经历了股市的成败得失后，他赚了一大笔。

1936年是韦特斯最冒险的一年，也是最赚钱的一年。一家叫普莱史顿的金矿开采公司在一场大火中覆灭了。它的全部设备被焚毁，资金严重短缺，股票也跌到了3分钱。有一位名叫陶格拉斯·雷德的地质学家知道韦特斯是个精明人，就说服他把这个极具潜力的公司买下来，继续开采金矿。韦特斯听了以后，拿出35000元支持开采。不到几个月，黄金挖到了，离原来的矿坑只有213英尺。

这时，普莱史顿的股票开始往上飞涨，不过不知内情的海湾街上的大户还是认为这种股票不过是昙花一现，早晚会跌下来，所以他们纷纷抛出原来的股票。韦特斯抓住了这个机会，他不断地买进、买进，等到他买进了普莱史顿的大部分股票时，这种股票的价格已上涨了许多。

这座金矿，每年毛利达250万元。韦特斯在他的股票继续上升的时候把普莱史顿的股票大量卖出，自己留了50万股，这50万股等于他一分钱都没有花。

韦特斯的成功告诉我们，不要害怕失败，财富的获得总是在失败中一点点积累的，很少有一夜暴富，而且一夜暴富的财富也总是不长久的。这便是富人们不怕失败的原因，失败也是一种财富。

每一只惊艳的蝴蝶，前身都是不起眼的毛毛虫

成功贵在坚持，要取得成功就要坚持不懈地努力，很多人的成功，也是饱尝了许多次的失败之后得到的，我们经常说什么"失败乃成功之母"，成功诚然是对失败的奖赏，但却也是对坚持者的奖赏。

古往今来，那些成功者们不都是依靠坚持而取得成就的吗？

被鲁迅誉为"史家之绝唱，无韵之离骚"的《史记》，其作者司马迁，享誉千古，可是他取得这么大的成就是在什么情况下呢？

汉武帝为了一时的不快阉割了堂堂的大丈夫，那是多么大的耻辱啊，而且这给他带来的身心伤害是多么的巨大！从此，他只能在四处不通风的炎热潮湿的小屋里生活，不能见风，不能再无畏地欣赏太阳、花草，换一个人，简直就活不下去了。

司马迁也曾想过死，对于当时的他来说，死是最容易的解脱方法了。可是他心中始终有一个梦想，他的梦想就是写一部历史的典籍，把过去的事记下来，传诸后世，为了这个梦，他坚持了下来，忍受了身体的痛苦，忍受了别人歧视的目光，坚持着在严酷的迫害下活着，以继续撰写《史记》，并且终于完成了这部光辉著作。

他靠的是什么？只有两个字：坚持。如果他在遭受了腐刑以

后，丧失一切斗志，那么我们现在就再也看不到这本巨著，吸收不了他的思想精华。所以他的成功、他的胜利，最主要的还是靠坚持。如果真的可以有对比，他的著作所带给我们的震撼倒在其次了，他的坚持的精神所激励鼓舞我们的更多。

外国名作家杰克·伦敦的成功也是建立在坚持之上的。就像他笔下的人物"马丁·伊登"一样，坚持坚持再坚持，他抓住自己的一切时间，坚持把好的字句抄在纸片上，有的插在镜子缝里，有的别在晒衣绳上，有的放在衣袋里，以便随时记诵。所以他成功了，他的作品被翻译成多国文字，在书店中他的作品放在显眼的位置，赫然在目。当然，他所付出的代价也比其他人多好几倍，甚至几十倍。成功是他坚持的结果。

功到自然成。成功之前难免有失败，然而只要能克服困难，坚持不懈地努力，那么，成功就在眼前。

石头是很硬的，水是很柔软的，然而柔软的水却穿透了坚硬的石头，这其中的原因无他，唯坚持而已。我们在黑暗中摸索，有时需要很长时间才能找寻到通往光明的道路。以勇敢者的气魄，坚定而自信地对自己说，我们不能放弃，一定要坚持。也只有坚持，才能让我们冲破禁锢的蚕茧，最终化成美丽的蝴蝶。

不喧哗，自有声

人生最大的自由，莫过于选择成败，成功者寥若晨星，更少有人留名青史，而失败者比比皆是。有关学者研究证明，48%的人经历一次失败，就一蹶不振了；25%的人经历两次失败就泄气了；15%的人经历三次失败也放弃了；只有12%的人经历无数次的失败后，仍不气馁，始终朝着一个方向冲刺。他们坚信，只要方向不错，方法得当，坚持不懈、锲而不舍，成功只是时间问题。人生最大的敌人是自己，战胜自己是成功者的必经之路。

李健最早涉足茶叶经营是在2001年。在这之前他经营着一家超市，由于拆迁，他只好改行和一个福建籍朋友做起了茶叶生意。那时，茶艺还处于萌芽状态，是一个新兴产业，利润空间和发展空间都比较大。

然而，李健对茶艺、茶文化一窍不通，门市开业后，面对顾客提出的有关茶的问题，他常常脸涨得通红，说不出话来，之后只得向朋友求救。看着朋友和顾客大谈茶文化，李健第一次认识到茶居然有着这样深的内涵，他喜欢上了这一行。

后来，李健和朋友的经营理念发生了分歧，生意也开始变得清淡。李健回忆，在一段时间里，他们不断地往里垫钱，根本没有回款。坚持了三个月后，李健与朋友在经营思路上的分歧越来越大，最后只好分道扬镳。于是，李健开始独自创业。

经过市场调查，他把茶叶门市地址选在了北京茶叶一条街——马连道。也许是初生牛犊不怕虎，李健当初只是想扎堆的生意好做，并没在意这一条街上对手们的来历。后来他才发现这里的人个个都是高手，不论是茶道还是销售，而且他们都来自茶叶生产厂家，对茶有着深刻的理解，唯独他是个门外汉。

李健选定地址后看中了一间60平方米的门市，年租金4万元。他交了租金请来装修工装修门市，自己则赶往茶叶生产地采购茶叶。这是他第一次采购茶叶，由于没有经验，又缺乏茶叶知识，他采购的茶叶无论在色泽上还是质量上都给日后的批发和销售带来了困难。为了不再犯同样的错误，他买来大量有关茶叶的书，仔细研读，凡是上门的客户也都提供最优惠的价格，以便发展市场。即使这样，他的门市仍是门庭冷落。

李健开始托朋友介绍茶叶销售渠道，稍有空闲就亲自背着茶叶样品去零售店推销，有时他请人给他看门市，自己背个大袋子到偏远区县去找销售点。而很多时候，他都吃了闭门羹，偶尔听到"我们有供货方，以后考虑吧"，他都激动半天。"那时我一心想着尽快发展客户，有时一天只能吃一顿饭，一个月下来整个人都快虚脱了。"

在两个月里，他跑遍了6个城市的茶叶零售店，但是没有得到任何回报。

李健的茶叶门市经历了整整14个月的萧条后才开始复苏。在这期间，他不断听到类似他这种门外汉茶业门市倒闭的消息，

不要在该动脑子的时候 动感情

他的朋友也劝他收手。李健经过激烈的思想斗争后，咬着牙告诉朋友："我已经喜欢上了这个行业，每个行业起步都会有艰难和困苦，更何况我还没有认输。"

随着对茶经的深入了解和对市场的辛勤开拓，李健的门市第13个月开始有了一点儿利润，就在2003年春节前的一个月，他的门市赚回了之前的所有投资，还略有盈余。2004年，李健的茶叶门市纯利润达20多万元。

事实证明，只要有恒心，铁杵也能磨成针。看一个人，不必看他辉煌耀眼、春风得意之时，而应看他身处逆境时是怎样艰难跋涉的。执著是人类的一种美德，任何天赋、才华、强势都不能代替。不积跬步，无以至千里；不积细流，无以成江河。千里之行始于足下，做任何事情都必须有恒心。

做一个安静细微的人，于角落里自在开放

《伊索寓言》中有这样一个故事：

有一只狐狸喜欢自夸自大，它以为森林中自己最大。

傍晚，它单独出去散步，走路的时候看见一个映在地上的巨大影子，觉得很奇怪，因为它从来没有见过那么大的影子。后来，它知道是它自己的影子，就非常高兴。它平常就以为自己伟大、有优越感，只是一直找不到证据证明。

为了证实那影子确实是自己的，它就摇摇头，那个影子的头部也跟着摇动，这证明影子是自己的。它就很高兴地跳舞，那影子也跟着它舞动。它继续跳，正得意忘形时，来了一只老虎。狐狸看到老虎也不怕，就拿自己的影子与老虎比较，结果发现自己的影子比老虎大，就不理它，继续跳舞。老虎趁着狐狸跳得得意忘形的时候扑了过去，把它咬死了。

　　一个人若种植信心，他会收获品德。一个人若种下骄傲的种子，他必收获众叛亲离的果子，甚至带来不可预知的危险，就像那只自高自大、自我膨胀的狐狸一样。

　　但高傲的姿态，却是现代人的通病。大家都想吸引别人的目光，殊不知这目光可能投来善意，也可能投来恶意。越是高调的人，越容易成为众矢之的。老子在《道德经》中说："生而不有，为而不恃，功成而不居。"又说："功成名遂，身退，天之道。"如果成功之后，只知自我陶醉，迷失于成果之中停滞不前，那就是为自己的成就画上了句号。

　　成功常在辛苦日，败事多因得意时。切记：不要老想着出风头。一个人的成绩都是在他谦虚好学、伏下身子踏实干的时候取得的，一旦骄气上升、自满自足，必然会停止前进的脚步。

　　有人会说，大凡骄傲者都有点儿本事、有点儿资本。你看，《三国演义》中"失荆州"的关羽和"失街亭"的马谡不是都熟读兵书、立过大功吗？这种说法其实是只看到了事情的表面，而没看到事情的本质。关羽之所以"大意失荆州"，马谡之所以

"失街亭"，不正是因为他们自以为"有资本"而铸成的大错吗？

一个人有一点儿能力，取得一些成绩和进步，产生一种满意和喜悦感，这是无可厚非的。但如果这种"满意"发展为"满足"，"喜悦"变为"狂妄"，那就成问题了。这样，已经取得的成绩和进步，将不再是通向新胜利的阶梯和起点，而成为继续前进的包袱和绊脚石，那就会酿成悲剧。

在这个世界上，谁都在为自己的成功拼搏，都想站在成功的巅峰上风光一下。但是成功的路只有一条，那就是放低姿态，不断学习。在通往成功的路上，人们都行色匆匆，有许多人就是在稍一回首、品味成就的时候被别人超越了。因此，有位成功人士的话很值得我们借鉴："成功的路上没有止境，但永远存在险境；没有满足，却永远存在不足；在成功路上立足的最基本的要点就是学习，学习，再学习。"

心中有光的人，终会冲破一切黑暗和荆棘

当你面对人类的一切伟大成就的时候，你是否想到过，曾经为了创造这一切而经历过无数寂寞的日夜，成功者得不选择与寂寞结伴而行，有了此时的寂寞，才能获得自己苦苦追求的似锦前程。

很多时候成功不是一蹴而就的，要经过很多磨难，每个人无

论如何都不能丢弃自己的梦想。执著于自己的目标和理想，把自己的事业做下去。

肯德基创办人桑德斯在山区的矿工家庭中长大，家里很穷，他也没受什么教育。他在换了很多工作之后，自己开始经营一个小餐馆。不幸的是，由于公路改道，他的餐馆必须关门，关门则意味着他将失业，而此时他已经65岁了。

也许他只能在痛苦和悲伤中度过余年了，可是他拒绝接受这种命运。他要为自己的生命负责，相信自己仍能有所成就。可是他是个一无所有、只能靠政府救济的老人，他没有学历和文凭，没有资金，没有什么朋友可以帮他，他应该怎么做呢？他想起了小时候母亲炸鸡的特别方法，他觉得这种方法一定可以推广。

经过不断尝试和改进之后，他开始四处推销这种炸鸡的经销权。在遭到无数次拒绝之后，他终于在盐湖城卖出了第一个经销权，结果立刻大受欢迎，他成功了。

65岁时还遭受失败而破产，不得不靠救济金生活，在80岁时却成为世界闻名的杰出人物。桑德斯没有因为年龄太大而放弃自己的成功梦想，经过数年拼搏，终于获得了巨大的成功。如今，肯德基的快餐店在世界各地都是一道风景。

很多时候，在日常生活、工作中我们必须在寂寞中度过，没有任何选择。这就是现实，有嘈杂就有安静，有欢声笑语，就有寂静悄然。

既然如此，你逃脱不掉寂寞的影子，驱赶不走寂寞的阴魂，为什么非要与寂寞抗争？寂寞有什么不好，寂寞让你有时间梳理躁动的心情，寂寞让你有机会审视所作所为，寂寞让你站在情感的外圈探究感情世界的课题，寂寞让你向成功的彼岸挪动脚步，所以，寂寞是可怕的孤独。

寂寞是一种力量，而且无比强大。事业成就者的秘密有许多，生活悠闲者的诀窍也有许多。但是，他们有一个共同的特点，那就是耐得住寂寞。谁耐得住寂寞，谁就有宁静的心情，谁有宁静的心情，谁就水到渠成，谁水到渠成谁就会有收获。山川草木无不含情，沧海桑田无不蕴理，天地万物无不藏美，那是它们在寂寞之后带给人们的享受。所以，耐住寂寞之士，何愁做不成想做的事情。有许多人过高地估计自己的毅力，其实他们没有跟寂寞认真地较量过。

我们常说，做什么事情需要坚持，只要奋力坚持下来，就会成功。这里的坚持是什么？就是寂寞。每天循规蹈矩地做一件事情，心便生厌，这也是耐不住寂寞的一种表现。

如果有一天，当寂寞紧紧地拴住你，哪怕一年半载，为了自己的追求不得不与寂寞并进的时候，心中没有那份失落，没有那份孤寂，没有那份被抛弃的感觉，才能证明你的毅力坚强。

人生不可能总是前呼后拥，人生在世难免要面对寂寞。寂寞是一条波澜不惊的小溪，它甚至掀不起一个浪花，然而它却孕育着可能成为飞瀑的希望，渗透着奔向大海的理想。坚守寂寞，坚持梦想，那朵盛开的花朵就是你盼望已久的成功。

虽然每一步都走得很慢，但我不曾退缩过

"登泰山而小天下"，这是成功者的境界，如果达不到这个高度，就不会有这个视野。但是，若想到达这种境界亦非易事，人们从岱庙前起步上山，进中天门，入南天门，上十八盘，登玉皇顶，这一步步拾级而上，起初倒觉轻松，但越到上面便越感艰难。十八盘的陡峭与险峻曾使无数登山客望而却步。游人只有努力向前，才能登上泰山山顶，体验杜甫当年"一览众山小"的酣畅意境。

许多人盼望长命百岁，却不理解生命的意义；许多人渴求事业成功，却不愿持之以恒地努力。其实，人的生命是由许许多多的"现在"累积而成的，人只有珍惜"现在"，不懈奋斗，才能使生命焕发光彩，事业获得成功。

要成功，最忌"一日曝之，十日寒之"，"三天打鱼，两天晒网"。数学家陈景润为了求证哥德巴赫猜想，用过的稿纸几乎可以装满一个小房间；作家姚雪垠为了写成长篇历史小说《李自成》，竟耗费了40年的心血，大量的事实告诉我们：无论你多么聪明，成功都是在踏实中，一步一步、一年一年积累起来的。

莎士比亚说："斧头虽小，但多次砍劈，终能将一棵挺拔的大树砍倒。"

现在有一种流行病，就是浮躁。许多人总想"一夜成名""一夜暴富"。他们不扎扎实实地长期努力，而是想靠侥幸一举成功。比如投资赚钱，不是先从小生意做起，慢慢积累资金和经验，再把生意做大，而是如赌徒一般，借钱做大投资、大生意，结果往往惨败。网络经济一度充满了泡沫。有的人并没有认真研究市场，也没有认真考虑它的巨大风险，只觉得这是一个发财成名的"大馅饼"，一口吞下去，最后没撑多久，草草倒闭，白白"烧"掉了许多钞票。

俗话说："滚石不生苔"，"坚持不懈的乌龟能快过灵巧敏捷的野兔"。如果能每天学习一小时，并坚持12年，所学到的东西，一定远比坐在学校里混日子的人所学到的多。

人类迄今为止，还不曾有一项重大的成就不是凭借坚持不懈的精神而实现的。

大发明家爱迪生也如是说："我从来不做投机取巧的事情。我的发明除了照相术，也没有一项是由于幸运之神的光顾。一旦我下定决心，知道我应该往哪个方向努力，我就会勇往直前，一遍一遍地试验，直到产生最终的结果。"

要成功，就要强迫自己一件一件地去做，并从最困难的事做起。有一个美国作家在编辑《西方名作》一书时，应约撰写102篇文章。这项工作花了他两年半的时间。加上其他一些工作，他每周都要干整整七天。他没有从最容易阐述的文章入手，而是给自己定下一个规矩：严格地按照字母顺序进行，绝不允许跳过任何一个自感费解的观点。另外，他始终坚持每天都首先完成困难较大的工作，再干其他的事。事实证明，这样做是行之有效的。

一个人如果要成功，就应该学习这些名人的经验，从小事入手，坚持下去，总有一天你会看到成功的阳光。

不在沉默中爆发，就在沉默中灭亡

西方有位哲人在总结自己一生时说过这样的话："在我整整75年的生命中，我没有过过四个星期真正的安宁。这一生只是一块必须时常推上去又不断滚下来的崖石。"所以，追求宁静，或者是追求寂寞对许多人来说成了一个梦想。由此看来，寂寞并不是每个人都能享受的。

可是，现实生活中，许多人害怕寂寞，时时借热闹来躲避寂寞，麻痹自己。滚滚红尘中，已经很少有人能够固守一方清静，

不要在该动脑子的时候
动感情

独享一份寂寞了，更多的人脚步匆匆，奔向人声鼎沸的地方。殊不知，热闹之后的寂寞更加寂寞。我辈如能在热闹中独饮那杯寂寞的清茶，也不失为人生的另类选择与生存。但是，寂寞并不是每个人都会享受的！

对未来进行抗争的人，才有面对寂寞的勇气；在昔日拥有辉煌的人，才有不甘寂寞的感受。

为了收获而不惜辛勤耕耘、流血流汗的人，才有资格和能力享受寂寞。

寂寞是一种难得的感觉，只有在拥有寂寞时，你才能静下心来悉心梳理自己烦乱的思绪，只有在拥有寂寞时，你才能让自己成熟。不在寂寞中升华，就在寂寞中死去。

许多人把失意、伤感、无为、消极等与寂寞联系在一起，认为将自己封闭起来就是寂寞，其实，

这是一种误解。倘使这样去超越生活，不仅限制生命的成长，还会与现实产生隔阂，这样的人只是逃避生活。

寂寞是一种感受，是一种难得的感觉，是心灵的避难所，会给你足够的时间去舔拭伤口，重新以明朗的笑容直面人生。

懂得了寂寞，便能从容地面对阳光，将自己化作一杯清茗，在轻啜深酌中渐渐明白，不是所有的生长都能成熟，不是所有的欢歌都是幸福，不是所有的故事都会真实，有时，平淡是穿越灿烂而抵达美丽的一种高度、一种境界。

当寂寞来临时，轻轻合上门窗，隔去外面喧嚣的世界，默默独坐在灯下，平静地等待身体与心灵的一致，让自己从悲欢交集中净化思想。这样，被一度驱远的宁静会重新回归。你静静地用自己的理解去解读人世间风起云涌的内容，思考人生历程中的痛苦和欢悦。你不再出入上流社会，也就不再对那些达官显贵们摧眉折腰；人们不再追逐你，不再关注你，你也因此而少了流言的中伤。当你真实了解了人生的丰富与美好、生命的宏伟和阔大，让身心平直地立在生活的急流中，不因贪图而倾斜，不因喜乐而忘形，不因危难而逃避，你就读懂了寂寞，理解了寂寞。于是，寂寞不再是寂寞，寂寞成了一首诗，成了一道风景，成了一曲美妙的音乐。于是，寂寞成了享受，使我们终于获得了人生的宁静。

寂寞来时，轻轻闭上双眼，去聆听远方的鸟鸣，去感受灵魂深处的快乐。

不要在该动脑子的时候
动感情

孤独是等待的代价，也是领悟人生的必经之路

相信孤独的日子总是美丽的，也相信孤独的日子不会永远，因为孤独是一种美丽的等待，等待总会有归期。而那种经过长久等待后才能体会到的绝美心境，是非得要有过这种望断千帆的经历的。

生在万丈红尘，都市的喧嚣常常让人忘记了自我，忘记了那些曾经的美丽，只留下世俗的忙碌和喜喜悲悲。尘世里有许多故事起起落落，也有许多心情沉沉浮浮，但这些与生俱来的情节，又能有几人能够深深地体会？唯有孤独地行走于城市的边缘，才能读懂这些悲欢离合的故事，才能固守住心里的那片芳草地，在这座浮躁的城市中保存完美的自我，如雨后的荷花一般清新，如东篱下采菊一般闲适。

一个人的日子过得很慢，充满了思念与期盼。独自坐在西窗前看花开花落，心里想着相知的人如今是否正向这边一步步走来；常常在熙熙攘攘的街道上见到旧日的影子掠过，便忍不住频频回眸凝视那些似曾相识的岁月。孤独时，总期望着笔尖下能流淌出所有的情感，落日的余晖能映出所有的等待。纵然独坐在窗前有一些风景不可见，但那些唯美的风景却不会消失，而故人不再的遗憾也不会再有。

也曾想过不再过这样孤独的日子：雨夜的无助、整日与书为

伴、想倾诉的时候无处话凄凉。可是我们又怎能放弃这样的日子呢：孤独的时候可以把心情完全敞开，孤独的时候可以不必戴上厚厚的面具，孤独的时候可以放飞灵魂，也放飞自己。不必担心雨夜的无助，友情的灯可以温暖漫漫长夜；不必担心人多的时候最寂寞，美丽的灰姑娘终究会有王子走到眼前；不必担心无处倾诉无处话凄凉，友情的双手已陪伴你风风雨雨到今天。

孤独是一道美丽的风景线，唯有曾经孤独过的人才能读懂、才能体会；孤独是一种超然于尘世之上的心境，是远离俗世的自己寻找到的一片精神家园；孤独是一种心灵上的契约，是一种融于世俗却又绝不同于世俗的美丽；孤独是一种守望，当心中所有美好的情感经过岁月的积淀而终于绽放出惊世骇俗的花朵时，孤独就是一种美丽的等待。

等待人生的答案，需要的是静心的忍耐。当明白人生中有某些时刻是我们无法完全掌握在自己手里的时候，何不忍耐一刻，等待一时呢？为何要强逼自己，勉强别人去做一时的决定，去给予一些未能经过思考的答案呢？等待是难过的，但装作洒脱带来的也未必会有什么好处。有人喜欢等待，有人不喜欢等待，但等待却是人生必经的阶段。

任何事我们都不可能一蹴而就。很多时候，我们总是要经历艰难，所以要学会等待。等待看上去沉闷死寂，甚至浪费掉了我们很多时间，可是时机的成熟才是成就事情的关键。如果总是想走捷径，反而会弄巧成拙。

不要在该动脑子的时候
动感情

第 5 章 /

受苦的人，
没有悲观的权利

不断地自我挑战，终究会看到上帝的微笑

海伦刚出生的时候，是个正常的婴孩，能看、能听，也会咿呀学语。可是，一场疾病使她变成既盲又聋的小聋哑人，那时，小海伦刚刚 1 岁半。

这样的打击，对于小海伦来说无疑是巨大的。每当遇到稍不顺心的事，她便会乱敲乱打，野蛮地用双手抓食物塞入口里。若试图去纠正她，她就会在地上打滚，乱嚷乱叫，简直是个十恶不赦的"小暴君"。父母在绝望之余，只好将她送至波士顿的一所盲人学校，后来又特别聘请沙莉文老师照顾她。

在老师的教导和关怀下，小海伦渐渐地变得坚强起来，在学习上十分努力。

一次，老师对她说：希腊诗人荷马也是一个盲人，但他没有对自己丧失信心，而是以刻苦努力的精神战胜了厄运，成为

世界上伟大的诗人。如果你想实现自己的追求，就要在你的心中牢牢地记住"努力"这个可以改变你一生的词，因为只要你选对了方向，而且努力地去拼搏，那么在这个世界上就没有比脚更高的山。

老师的话，犹如黑夜中的明灯，照亮了小海伦的心，她牢牢地记住了老师的话。

从那以后，小海伦在所有的事情上都比别人多付出了 10 倍的努力。

在她刚刚 10 岁的时候，名字就已传遍全美国，成为残疾人士的模范、一位真正的强者。

1893 年 5 月 8 日，是海伦最开心的一天，这也是电话发明者贝尔博士值得纪念的一日。贝尔在这一日建立了著名的国际聋人教育基金会，而为会址奠基的正是 13 岁的小海伦。

若说小海伦没有自卑感，那是不正确的，也是不公正的。幸运的是，她自小就在心底里树起了颠扑不灭的信心，完成了对自卑的超越。

小海伦成名后，并未因此而自满，她继续孜孜不倦地努力学习。1900 年，这个年仅 20 岁，学习了指语法、凸字及发声，并通过这些方法获得超过常人知识的姑娘，进入了哈佛大学拉德克利夫学院学习。

她说出的第一句话是："我已经不是哑巴了！"她发觉自己的努力没有白费，兴奋异常，不断地重复说："我已经不是哑巴了！"

在她 24 岁的时候，作为世界上第一个受到大学教育的盲聋哑人，她以优异的成绩毕业于世界著名的哈佛大学。

海伦不仅学会了说话，还学会了用打字机著书和写稿。她虽然是位盲人，但读过的书却比视力正常的人还多。而且，她写了 7 册书，她比正常人更会鉴赏音乐。

海伦的触觉极为敏锐，只需用手指头轻轻地放在对方的嘴唇上，就能知道对方在说什么；她把手放在钢琴、小提琴的木质部分，就能"鉴赏"音乐；她能通过收音机和音箱的振动来辨明声音，还能够通过手指轻轻地碰触对方的喉咙来"听歌"。

如果你和海伦·凯勒握过手，5 年后你们再见面握手时，她也能凭着握手认出你来，知道你是美丽的、强壮的、幽默的，或者是满腹牢骚的人。

这个克服了常人无法克服的残疾的人，其事迹在全世界引起了震惊和赞赏。她大学毕业那年，人们在圣路易博览会上设立了"海伦·凯勒日"。

她始终对生命充满了信心，充满了热爱。

在第二次世界大战后，海伦·凯勒以一颗爱心在欧洲、亚洲、非洲各地巡回演讲，唤起了社会大众对身体残疾者的注意，被《大英百科全书》称颂为有史以来残疾人士最有成就的由弱而强者。

美国作家马克·吐温评价说："19 世纪中，最值得一提的人物是拿破仑和海伦·凯勒。"身受盲聋哑三重痛苦，却能克服残

　不要在该动脑子的时候　　　　　　动感情

疾并向全世界投射出光明的海伦·凯勒，以及她的老师沙莉文女士的成功事迹，说明了什么问题呢？答案是很简单的：如果你在人生的道路上，选择信心与热爱以及努力作为支点，再高的山峰也会被踩在脚下，你就会攀登上生命之巅。

每个人成长的道路都不可能是一帆风顺的，但为什么有的人在不平坦的人生道路上摘取了迷人的桂冠，而有的人却碌碌无为呢？成功者之所以取得了成功，就在于他们在人生的旅程中，选择了努力作为人生和生命的支点，直到登上了理想的高峰。

想获得他人的掌声，先要做个坚强的人

世界上的雄辩家，有很多都是在最初被认为说话笨拙的人，狄里斯就是其中一个。

狄里斯生于382年，在西欧被称为"历史性的雄辩家"。据说，他的声音很低，而呼吸很短促，口齿不清，旁人经常听不懂他在说些什么。不过，他的知识非常渊博，因此他的思想也相当深奥，他很擅长分析事理，几乎无人能出其右。

当时，在狄里斯的祖国首都雅典，有很严重的政治纷争，因此，能言善辩的人格外受到重视，一向能先提出时代潮流和趋势的狄里斯，认为自己缺乏说话技巧是很不适宜的，于是他作了一番充分的考虑，并且准备好演讲的内容，从容地走上了演讲台。

但是，很不幸，他遭遇了失败。

原因就在于他发出的低音和肺活量不足，口齿不清，以致别人无法听清楚他所说的话，但是，狄里斯并不灰心，他反而比过去更努力了，努力训练自己的胆量和意志力。

他每天都跑到海边去，对着浪花拍打的岩石大声喊叫，回家以后，又对着镜子练习说话嘴型，进行发音练习，一直持续不辍。狄里斯就这样努力了好几年，直到他 27 岁时，终于再度走上台向众人演说。

辛苦的努力总算有了结果，他这次盛大的演讲，得到了许多喝彩与掌声，而狄里斯的名气，也就这样打响了。

人的天性就是敬仰强者，唾弃弱者。想得到他人的认可，自己先要变得强而有力。

没有经历风雨的生命，不会收获丰硕的果实

很久以前，上帝住在地球上。有一天，一个农夫找到上帝，对他说："上帝啊，也许是您创造了世界，但是您毕竟不是农夫，我要教您点儿东西。"

上帝借着胡子的遮掩，偷偷笑了，对他说："那你就告诉我吧。"

农夫说："给我一年时间，在这一年里，按照我所说的去做，我会让您看见，世界上再不会有贫穷和饥饿。"在这一年里，上

不要在该动脑子的时候
动感情

帝满足了农夫提出的所有要求，没有狂风暴雨，没有电闪雷鸣，没有任何对庄稼有危险的自然灾害发生。当农夫觉得该出太阳了，就会阳光普照；要是觉得该下雨了，就会有雨滴落下，而且想让雨停雨就停。

风调雨顺的环境真是太好了，小麦的长势特别喜人。

一年的时间到了，农夫看到麦子长得那么好，就又到上帝那儿去了，对上帝说："您瞧，要是再这么过10年，就会有足够的粮食来养活所有的人。人们就算不干活儿也可以安逸地生活了。"然而，等人们收割小麦的时候，却发现麦穗里什么都没有，这些长得那么好的麦子，竟然什么都没结出来。农夫惊讶极了，于是又跑到上帝那儿去了："上帝啊，这究竟是怎么回事呀？"

"那是因为小麦都过得太舒服了，没有经历任何打击是不行的。这一年里，它们没经过任何风吹雨打，也没受到过烈日煎熬。你帮它们避免了一切可能伤害它们的东西。没错，它们长得又高又好，但是你也看见了，麦穗里什么都结不出来，小麦也还是需要些挫折的，我的孩子。"上帝说。

人的生命似洪水在奔流，不遇岛屿、暗礁，难以激起美丽的浪花。

面对逆境，只有坚毅者才能到达荣誉的圣殿

凡尔纳是享誉世界的法国著名科幻小说家，但是在他成名之前可谓饱尝挫败的滋味。凡尔纳的父亲是一名颇有成就的律师，正因为此，父亲希望他能够子承父业，然而这并不是凡尔纳的兴致所在。

他从小喜欢幻想，爱海洋，也爱冒险，一次他偷偷地报名作为海上见习生航行印度，但计划未能如愿，因为他的行踪被家人获悉。回到家后等待他的是一顿猛烈的拳头。从此，凡尔纳开始了他的幻想之旅，利用想象来表达他眼中的世界。"天将降大任于斯人也"，一个伟大作家的诞生注定要一波三折。

1863 年冬天的一个上午，凡尔纳刚吃过早饭，正准备到邮局去，突然听到一阵敲门声，凡尔纳开门一看，原来是一个邮政工

人。工人把一包鼓囊囊的邮件递到了凡尔纳的手里。一看到这样的邮件，凡尔纳就预感到不妙，自从他几个月前把他的第一部科幻小说《乘气球五周记》寄到各出版社后，收到这样的邮件已经是第 14 次了，他怀着忐忑不安的心情拆开一看，上面写道："凡尔纳先生：尊稿经我们审读后，不拟刊用，特此奉还。某某出版社。"每看到这样的退稿信，凡尔纳都是心里一阵绞痛：这次是第 15 次了，还是未被采用，

凡尔纳此时已深知，对于出版社的编辑来说，一个籍籍无名的作者是多么微不足道。他愤怒地发誓，从此再也不写了，他拿起手稿向壁炉走去，准备把这些稿子付之一炬。凡尔纳的妻子赶过来，一把抢过手稿紧紧抱在胸前，此时的凡尔纳余怒未息，说什么也要把稿子烧掉。他妻子急中生智，以满怀关切的感情安慰丈夫："亲爱的，不要灰心，不妨再试一次，也许这次能交上好运的。要知道在荣誉的大道上，从来没有放弃的容身之处。"听了这句话以后，凡尔纳抢夺手稿的手，慢慢放下了，他沉默了好一会儿，然后接受了妻子的劝告，又抱起这一大包手稿到第 16 家出版社去碰运气。

这次没有落空，读完手稿后，这家出版社立即决定出版此书，并与凡尔纳签订了 20 年的出版合同。

没有他妻子的疏导，没有永不放弃的精神，我们也许根本无法读到凡尔纳笔下那些脍炙人口的科幻故事，人类就会失去一份极其珍贵的精神财富。

在人生的旅途中谁都不会一帆风顺。在遇到挫折时，不要太早放弃努力，也许你与成功就差一点。一切都是暂时的状态，对此我们要对自己说："我只是还未成功。"切莫因放弃而与荣誉失之交臂。

苦难是所让人受益的学校

在法国里昂的一次宴会上，人们对一幅是表现古希腊神话还是历史的油画发生了争论。主人眼看争论越来越激烈，就转身找他的一个仆人来解释这幅画。使客人们大为惊讶的是，这仆人的说明是那样清晰明了，那样深具说服力。辩论马上就平息了下来。

"先生，您是从什么学校毕业的？"一位客人对这个仆人很尊敬地问。

"我在很多学校学习过，先生，"这年轻人回答，"但是，我学的时间最长、收益最大的学校是苦难。"

这个年轻人为苦难所付出的学费是很有益的。尽管他当时只是一个贫穷低微的仆人，但不久以后他就以其超群的智慧震惊了整个欧洲。

他就是那个时代法国最伟大的天才——法国哲学家和作家卢梭。

　　凡是天生刚毅的人必定有自强不息的精神。但凡在年轻时遭遇苦难而能做到坚忍不拔的人，在以后的人生道路上多半会变得豁达、从容。

没有退路时，必须相信自己

　　老教授和他的两个学生准备进溶洞考察。溶洞在当地人们的眼里是一个"魔洞"，曾经有胆大的人进去过，但都一去不复返。

　　随身携带的计时器显示着，他们在漆黑的溶洞里走过了14个小时，这时一个有半个足球场大小的水晶岩洞呈现在他们的面前。他们兴奋地奔了过去，尽情欣赏、抚摸着那迷人水晶。待激动的心情平静下来之后，其中那个负责画路标的学生忽然惊叫道："刚才我忘记刻箭头了！"他们再仔细看时，四周竟有上百个大小各异的洞口。那些洞口就像迷宫一样，洞洞相连，他们转了很久，始终没能找到出路。

老教授在众多洞口前默默地搜寻着，突然他惊喜地喊道："在这儿有一个标志！"他们决定顺着标志的方向走。老教授走在前面，每一次都是他先发现标志的。

终于，他们的眼睛被强烈的太阳光刺疼了，这就意味着他们已经走出了"魔洞"。那两个学生竟像孩子似的，掩面哭泣起来，他们对老教授说："如果没有那位前人……"而老教授缓缓地从衣兜里掏出一块被磨去半截的石灰石递到他俩面前，意味深长地说："在没有退路可言的时候，我们唯有相信自己。"

在绝境时相信自己或许还能看到柳暗花明又一村的景象；怀疑自己，只会让自己在困境的泥潭中越陷越深。

怕苦，苦一世；不怕苦，苦一时

拿破仑出生于科西嘉穷困的没落贵族家庭。

在父亲的安排下，拿破仑9岁就到法兰西共和国布里埃纳军校接受教育。他的同学都很富有，他们大肆讽刺他的穷苦。拿破

不要在该动脑子的时候
动感情

仑非常愤怒，却一筹莫展，屈服在威势之下。就这样，他忍受了5年。但是，每一种嘲笑，每一种欺侮，每一种轻视的态度，都使他暗下决心，发誓要做给他们看看，以此证明他确实是高于他们的。

他是如何做的呢？这当然不是一件容易的事，他一点也不空口自夸。他只是心里暗暗计划，决定利用这些没有头脑却傲慢的人作为桥梁，使自己既富有又出名。

他经常避开同学们兴高采烈的游戏活动，躲进图书馆，如饥似渴地研究科西嘉的历史地理，他对伏尔泰、卢梭等人的书尤感兴趣。

在他16岁当少尉那年，他遭受了另外一个打击，那就是他父亲的去世。由于哥哥约瑟夫既无能又懒惰，家庭的重担就落在拿破仑身上。在那以后，他不得不从极少的薪金中，省出一部分来帮助母亲。当他接受第一次军事征召时，必须步行到遥远的发隆斯去加入部队。

等他到达部队时，看见他的同伴正在闲暇时间追求女人和赌博。而他那不受人欢迎的性格使他没有资格得到以前的那个职位，同时，他的贫困也使他失去了后来争取到的职位。于是，他改变策略，用埋头读书的方法去努力和他们竞争。读书是和呼吸一样自由的，因为他可以不花钱从图书馆里借书读，这使他得到了很大的收获。

他并不是读没有意义的书，也不是专以读书来消遣自己的烦闷，而是为自己将来的理想做准备。他下定决心要让全天下的人知道自己的才华。因此，在他选择图书时，也就往往有一个选择的范围。他住在一个既小又闷的房间里，在这里，他脸无血色、孤寂、沉闷，但他却在不停地读书。

通过几年的学习，他所摘抄下来的记录，印刷出来的就有400多页。他想象自己是一个总司令，将科西嘉岛的地图画出来，地图上清楚地指出哪些地方应当布置防范，这是用数学的方法精确地计算出来的。因此，他数学的才能获得了提高，这是他第一次有机会表示他能做什么。

他的长官看见拿破仑的学问很好，便派他在操练场上执行一些任务，这是需要极复杂的计算能力的。他的工作做得极好，于是他获得了机会，开始走上晋升的道路。

这时，一切的情形都改变了。从前嘲笑他的人，现在都拥到他面前来，想分享一点他得到的奖金；从前轻视他的人，现在都希望成为他的朋友；从前揶揄他是一个矮小、无用、死用功的人，现在也都尊重他。他们都变成了他的拥戴者。

丘吉尔说："做人就要做坚强和刚猛的大雄狮！"

人生是一个与困难作战的过程，你不打败困难，困难就会打败你。当困难降临到你头上，你是勇敢地迎接挑战呢，还是知难而退，落荒逃走？这是做人的一个大问题。

不要在该动脑子的时候
动感情

要想得到成功的鲜花，就要有屡败屡战的精神

当塞洛斯·W.菲尔德从商界引退的时候，他已经积累了大量的财富。而这时他却对在大西洋中铺设海底电缆这一构想产生了极大的兴趣。塞洛斯·W.菲尔德倾其所有来完成这一事业。前期的准备工作包括建造一条从纽约到纽芬兰的圣约翰的电话线路，全长1600多公里。这其中有600多公里需要穿过一片原始森林，为此他们不得不在铺设电话线的同时修建一条穿越纽芬兰的道路。这条线路中还有200多公里要通过法国的布列塔尼，建设者们在那儿也投入了大量的人力。与此相同的还有铺设通过圣劳伦斯的电缆。

通过艰苦的努力，菲尔德得到了英国政府对他的公司的援助。但是在国会里，他遭到了一个很有影响力的团体的强烈反对，在参议院表决时，菲尔德的方案仅以一票的优势勉强获得通过。英国海军派出了驻塞瓦斯托波尔舰队的旗舰"阿伽门农"号来铺设电缆，而美国则由新建的护卫舰"尼亚加拉"号来承担这一工作。但是由于一次意外，已铺设了8公里长的电缆卡在了机器里，被折断了。在第二次实验中，船驶出300多公里时，电流突然消失了，人们在甲板上焦急沮丧地来回走动，似乎死期就要来临。正当菲尔德要下令切断电缆的时候，电流就像它消失时那样，突然又神奇地恢复了。接下来的一个晚上，船以每小时6公

里的速度移动，而电缆以每小时 10 公里的速度延伸，但由于刹车过于突然，船猛烈地倾斜了一下，电缆又被卡断了。

菲尔德不是一个轻言放弃的人。他重新购买了 1100 多公里长的电缆，委托一位精通此行的专家设计一套更好的铺设电缆的机器设备。美国和英国的发明家齐心协力地工作，最后决定从大西洋中央开始铺设两段电缆。于是两艘船开始分头工作，一艘往爱尔兰方向，另一艘驶往纽芬兰，每艘船各自承担一头的铺设工作。大家希望这样能够把两个大陆连接起来。就在两艘船相距 5 公里时，电缆断了。人们重新连上了电缆，但是当两艘船相距 120 多公里时，电流又消失了。电缆再次连上了，大约又铺设了 300 公里之后，在距"阿伽门农"号不远处，不幸电缆又断了，"阿伽门农"号随即返回了爱尔兰海岸。

项目负责人都感到非常沮丧，公众开始怀疑，投资商开始退却。如果不是菲尔德不屈不挠、夜以继日、废寝忘食地工作，说服众人，整个工程项目早就被放弃了。终于开始了第三次尝试，这一次成功了，整条电缆线顺利地完成铺设。几个信号在大西洋上传送了将近 1000 多公里之后，电流突然中断了。

很多人都失去了信心，只有菲尔德和他的一两个朋友仍然对此抱有希望。他们继续坚持工作，并且说服了人们继续投资进行试验。一条崭新的更为高级的电缆由"大东部"号负责铺设。"大东部"号慢慢地驶向大西洋，一边前进一边铺设。一切都进行得很顺利，直到距离纽芬兰 1000 公里处，电缆突然折断沉入海底。几次捞起电缆的尝试都失败了，这一项目也因此停顿了将近一年。

但是菲尔德并没有被这些困难吓倒，他继续为自己的目标努力。他组建了新公司，并制造了一条当时最为先进的电缆。1866年7月13日，试验开始了，这一次成功地向纽约传送了信息，全文如下：

无比满足，7月27日。

我们于早上9点到达，一切顺利。感谢上帝！电缆铺设成功，运行良好。

塞洛斯·W.菲尔德

那条旧的电缆也找到了，重新连接起来，通往纽芬兰。这两条线路现在仍在使用，而且将来也会用。

人生在世，不可能事事如愿。遇见了令人失望的事情，不必灰心丧气。你应当下决心，想法子争回这口气才对。

每个人都有两个简历，一个叫成功，另一个叫失败

1832年，林肯失业了。这使他很伤心，但他下决心要当政治家，当州议员。糟糕的是，他竞选失败了。在一年里遭受两次打击，这对他来说无疑是痛苦的。

　　接着，林肯着手自己开办企业，可一年不到，这家企业又倒闭了。在以后的17年间，他不得不为偿还企业倒闭时所欠的债务而到处奔波，历尽磨难。

　　随后，林肯再一次决定参加竞选州议员，这次他成功了。他内心萌发了一丝希望，认为自己的生活有了转机："可能我可以成功了！"

　　1835年，他订婚了。但离结婚还差几个月的时候，未婚妻不幸去世。这对他的打击实在太大了，他心力交瘁，数月卧床不起。1836年，他得了神经衰弱症。

　　1838年，林肯觉得身体状况良好，于是决定竞选州议会议

不要在该动脑子的时候
动感情

长，可他失败了。1843 年，他又参加竞选美国国会议员，但这次仍然没有成功。

林肯虽然一次次地尝试，但却是一次次地遭受失败：企业倒闭、情人去世、竞选败北。要是你碰到这一切，你会不会放弃，放弃这些对你来说是重要的事情？

林肯没有放弃。1846 年，他又一次参加竞选国会议员，最后终于当选了。

两年任期很快过去了，他决定要争取连任。他认为自己作为国会议员表现是出色的，相信选民会继续选举他。但结果很遗憾，他落选了。

因为这次竞选他赔了一大笔钱，林肯申请当本州的土地官员。但州政府把他的申请退了回来，并指出："做本州的土地官员要求有卓越的才能和超常的智力，你的申请未能满足这些要求。"

接连又是两次失败。在这种情况下你会坚持继续努力吗？你会不会说"我失败了"？

然而，林肯没有服输。1854 年，他竞选参议员，但失败了；两年后他竞选美国副总统提名，结果被对手击败；又过了两年，他再一次竞选参议员，还是失败了。

林肯尝试了 11 次，可只成功了两次，他一直没放弃自己的追求，他一直在做自己生活的主宰。1860 年，他当选为美国总统。

没有人会轻易地平步青云，在成功的背后隐藏着许多他人所不了解的辛酸与苦楚，个中滋味也许只有当事人自己清楚。

打不垮的意志，跌不破的成就

一个农民，初中只读了两年，家里就没钱继续供他上学了。他辍学回家，帮父亲耕种3亩薄田。在他19岁时，父亲去世了，家庭的重担全部压在了他的肩上。他要照顾身体不好的母亲和瘫痪在床的祖母。

20世纪80年代，农田承包到户。他把一块水洼挖成池塘，想养鱼。但乡里的干部告诉他，水田不能养鱼，只能种庄稼，他只好又把水塘填平。这件事成了一个笑话——在别人的眼里，他是一个想发财但又非常愚蠢的人。

听说养鸡能赚钱，他向亲戚借了500元钱，养起了鸡。但是一场洪水后，鸡得了鸡瘟，几天内全部死光了。500元对别人来说可能不算什么，对一个只靠3亩薄田生活的家庭而言，不啻天文数字。他的母亲受不了这个刺激，竟然忧郁而死。

他后来酿过酒、捕过鱼，甚至还在石矿的悬崖上帮人打过炮眼……可都没有赚到钱。

35岁的时候，他还没有娶到媳妇。即使是离异的有孩子的女人也看不上他。因为他只有一间土屋，并且随时有可能在一场大雨后倒塌。娶不上老婆的男人，在农村是没有人看得起的。

但他还想搏一搏，就四处借钱买了一辆手扶拖拉机。不料，上路不到半个月，这辆拖拉机就载着他冲入一条河里。他断了一

不要在该动脑子的时候 ～～～～
～～～～ 动感情

条腿，成了瘸子。而那辆拖拉机，被人捞起来后已经支离破碎，他只能拆开它，当作废铁卖。

几乎所有的人都说他这辈子完了。但是后来他却成了一家公司的老总，手中有二亿元的资产。现在，许多人都知道他苦难的过去和富有传奇色彩的创业经历。许多媒体采访过他，许多报告文学描述过他。有这样一个情节，记者问他："在苦难的日子里，你凭什么一次又一次毫不退缩？"

他坐在宽大豪华的老板桌后面，喝完了手里的一杯水。然后，他把玻璃杯子握在手里，反问记者："如果我松手，这只杯子会怎样？"

记者说："摔在地上，碎了。"

"那我们试试看。"他说。

他手一松，杯子掉到地上发出清脆的声音，但并没有破碎，而是完好无损。他说："即使有10个人在场，他们都会认为这只杯子必碎无疑。但是，这只杯子不是普通的玻璃杯，而是用玻璃钢制作的。"

这样的人，即使只有一口气，他也会努力去拉住成功的手，除非上苍剥夺了他的生命。

人生在世，不可能事事如愿。只要坚持，成功一定会向你招手。

调整心态，走出困境

失意，是一面镜子，能照见人的污浊；失意，也是一副清醒剂，是一条鞭子，可以使你在抽打中清醒。

失意，会使你冷静地反思自责，正视自己的缺点和弱项，努力克服不足，以求一搏；失意，会使人细细品味人生，反复咀嚼人生甘苦，培养自身悟性，不断完善自己；失意，不是一束鲜花，而是一丛荆棘，鲜花虽令人怡情，但常使人失去警惕，荆棘虽叫人心悸，却使人头脑清醒。

美国从事个性分析的专家罗伯特·菲力浦有一次在办公室接待了一个因自己开办的企业倒闭、负债累累、离开妻女的流浪者。

那人进门打招呼说："我来这儿，是想见见这本书的作者。"说着，他从口袋中拿出一本名为《自信心》的书，那是罗伯特许多年前写的。流浪者继续说："一定是命运之神在昨天下午把这本书放入我的口袋中的，因为我当时决定跳到密西根湖，了此残生。我已经看破一切，认为一切已经绝望，所有的人已经抛弃了我，但还好，我看到了这本书，使我产生新的看法，为我带来了勇气及希望，并支持我度过昨天晚上。我已下定决心，只要我能见到这本书的作者，他一定能协助我再度站起来。现在，我来了，我想知道你能替我这样的人做些什么。"

在他说话的时候，罗伯特从头到脚打量流浪者，发现他茫然的眼神、沮丧的皱纹、十来天未刮的胡须以及紧张的神态，这一切都显示，他已经无可救药了。但罗伯特不忍心对他这样说。因此，请他坐下，要他把他的故事完完整整地说出来。

听完流浪汉的故事，罗伯特想了想，说："虽然我没有办法帮助你，但如果你愿意的话，我可以介绍你去见本大楼的一个人，他可以帮助你赚回你所损失的钱，并且协助你东山再起。"罗伯特刚说完，流浪汉立刻跳了起来，抓住他的手，说道："看在上天的分儿上，请带我去见这个人。"

他会为了"上天的份儿上"而做此要求，显示他心中仍然存在着一丝希望。所以，罗伯特拉着他的手，引导他来到从事个性分析的心理试验室里，和他一起站在一块窗帘布之前。罗伯特把窗帘布拉开，露出一面高大的镜子，罗伯特指着镜子里的流浪汉说："就是这个人。在这世界上，只有一个人能够使你东山再起，除非你坐下来，彻底认识这个人——当作你从前并未认识他——否则，你只能跳密西根湖，因为在你对这个人作充分的认识之前，对于你自己或这个世界来说，你都将是一个没有任何价值的废物。"

他朝着镜子走了几步，用手摸摸他长满胡须的脸孔，对着镜子里的人从头到脚打量了几分钟，然后后退几步，低下头，开始哭泣起来。过了一会儿，罗伯特领他走到电梯间，送他离去。

　　几天后，罗伯特在街上碰到了这个人，他不再是一个流浪汉形象，他西装革履，步伐轻快有力，头抬得高高的，原来那种衰老、不安、紧张的姿态已经消失不见。他说，他感谢罗伯特先生，让他找回了自己，并很快找到了工作。

　　后来，那个人真的东山再起，成为芝加哥的富翁。

不要在该动脑子的时候
动感情

第 **6** 章

别以为世界抛弃了你，
世界根本没空搭理你

阳光照不到你的生活，微笑着才发现沿途开满花朵

汪国真有诗云："我微笑着走向生活／无论生活以什么方式回敬我／报我以平坦吗／我是一条欢快奔流的小河／报我以崎岖吗／我是一座大山挺峻巍峨……"谁能说人生没有遗憾、没有失落，失落中只伴随着忧郁，阳光照不到你的生活；只有微笑着走向生活，才发现原来沿途开满了花朵。

体会了没有脚的痛楚，才明白为没有鞋子而哭泣是多么浅薄；经历了归途的风雨坎坷，蓦然回首，才发现来时的路却是怎样美丽的一种风景。

没有人能够完全把握前路的东西，但却也没有理由不微笑走向生活……

古语云："甘瓜苦蒂，物不全美。"从理念上讲，人们大都承认"金无足赤，人无完人"。正如世界上没有十全十美的东西一

不要在该动脑子的时候
动感情

样，也不存在什么精灵通神的完人。但在认识自我、看待别人这一具体问题上，许多人仍然习惯于追求完美，求全责备，对自己要求样样都高，对别人也往往是全面衡量。

任何人总是有优点和缺点两个方面。俗话说："寸有所长，尺有所短。""十个手指不一般齐。"长处再多的人，也不免有所短；缺点再多的人，也必定有所长。

美国大发明家爱迪生，有一千多项发明，被誉为"发明大王"。但他在晚年，却固执地反对交流输电，一味地主张直流输电；电影艺术大师卓别林创造了深刻而生活的喜剧艺术形象，但他却极力反对有声电影；创立了《相对论》的20世纪最伟大的科学家爱因斯坦，他的智慧带来了科学思想的革命，却不能处理好自己的家庭关系……奥地利圆舞曲之王约翰·施特劳斯逝世100周年之际，一本新出版的传记以几百封从未曝光的书信为依据指出，这位创作了《蓝色多瑙河》等许多著名圆舞曲的施特劳斯，其实动作笨拙，不会跳舞。他还害怕阳光，非常胆小，也害怕黑暗，不敢独处，没有半点儿幽默感。真正的施特劳斯与众人想象中的活泼形象完全不同。

这些事实说明，大师、著名人物也都不是完人、超人，也不可能十全十美。他们的缺点和失误比之于他们给予人类的贡献，当然是次要的。但通过这些事实，我们应当明白，人无完人，人生必有缺憾，才是真实的、正常的。

维纳斯塑像的断臂，引得众多的学者、文人、工匠进行思考、论证、试验，想对其断臂进行重新"安装"。可是，种种假设和计划均告失败。于是，围绕在维纳斯身上的神秘感越来越浓。作为爱神，断臂的维纳斯似乎更受人们的喜爱，也更能引起人们作种种的猜想和遐思。由此可见，并不完美的缺憾之处从某种意义上看不也是一种美吗？

所以，当缺憾成为一种美的时候，面对生活中仅有的一些不顺利，你除了恬淡接受，泰然处之，还有什么其他的选择吗？

情绪低落时不妨假装快乐

很多人都有这样的体会：当我们在做一些有兴趣也很令人兴奋的事情时，很少会感到疲劳。因此，克服疲劳和烦闷的一个重要方法就假装自己很快乐。如果你"假装"对工作有兴趣，一点点假装就可以使你的兴趣成真，也可以减少你的疲劳、紧张和忧虑。

有一天晚上，艾丽丝回到家里，觉得精疲力竭，一副疲倦不堪的样子。她也的确感到非常疲劳，头痛，背也痛，疲倦得不想吃饭就要上床睡觉。她的母亲再三地求她……她才坐在饭桌上。电话铃响了。是她的男朋友打来的，请她出去跳舞，她的眼睛亮了起来，精神也来了，她冲上楼，穿上她那件天蓝色的洋装，一直跳舞到凌晨3点钟。等她回到家里的时候，却一点儿也不疲

倦，事实上还兴奋得睡不着觉呢。

　　在 8 个小时以前，艾丽丝的表情和动作，看起来都精疲力竭的，她是否真的那么疲劳呢？的确，她之所以觉得疲劳是因为她觉得工作使她很烦，甚至对她的生活都觉得很烦。

　　世界上不知道有多少像艾丽丝这样的人，你也许就是其中之一。

　　一个人由于心理因素的影响，通常比肉体劳动更容易觉得疲劳。约瑟夫·巴马克博士曾在《心理学学报》发表一篇论文，谈到他的一些实验，证明了烦闷会产生疲劳。巴马克博士让一大群学生做了一连串的实验，他知道这些实验都是他们没有什么兴趣的。其结果呢？所有的学生都觉得很疲倦、打瞌睡、头痛、眼睛疲劳、很容易发脾气，甚至还有几个人觉得胃很不舒服。所有这些是否都是"想象来的"呢？

不是的，这些学生做过新陈代谢的实验。由试验的结果发现，一个人感觉烦闷的时候，他身体的血压和氧化作用，实际上会减低。而一旦这个人觉得他的工作有趣的时候，整个新陈代谢作用就会立刻加速。

心理学家布勒认为，造成一个人疲劳感的主要原因是心理上的烦恼。

加拿大明尼那不列斯农工储蓄银行的总裁金曼对此深有体会。在 1943 年 7 月，加拿大政府要求加拿大阿尔卑斯登山俱乐部协助威尔斯军团做登山训练，金曼就是被选来训练这些士兵的教练之一。他和其他的教练——那些人从 42 岁到 59 岁不等——带着那些年轻的士兵，长途跋涉过很多冰河和雪地，还用绳索和一些很小的登山设备爬上 40 英尺高的悬崖。他们在加拿大洛杉矶的小月河山谷里爬上百米高峰、副总统峰和很多其他没有名字的山峰，经过 15 个小时的登山活动之后，那些非常健壮的年轻人，都完全精疲力竭了。

他们感到疲劳，是否因为他们军事训练时，肌肉没有训练得很结实呢？任何一个接受过严格军事训练的人对这种荒谬的问题都一定会嗤之以鼻。不是的，他们之所以会这样精疲力竭，是因为他们

不要在该动脑子的时候动感情

对登山这项运动觉得很烦。他们中很多人疲倦得等不到吃晚饭就睡着了。可是那些教练们——那些年岁比士兵要大两三倍的人——是否疲倦呢？不错，他们没有精疲力竭。那些教练们吃过晚饭后，还坐在那里聊了几个钟头，谈他们这一天的事情。他们之所以不会疲倦到精疲力竭的地步，是因为他们对这件事情感兴趣。

耶鲁大学的杜拉克博士在主持一些有关疲劳的实验时，用那些年轻人经常保持感兴趣的方法，使他们维持清醒差不多达一星期之久。在经过很多次的调查之后，杜拉克博士表示"工作效能减低的唯一真正原因就是烦闷"。

因此，经常保持内心愉悦是抵抗疲劳和忧虑的最佳良方。请记住布勒博士的话："保持轻松的心态，我们的疲劳产生通常不是由于工作，而是由于忧虑、紧张和不快。"如果你此刻不快乐，会导致身体更加疲劳，情绪也就更加低落，因此，此时不妨假装一下自己是快乐的，当你的心理产生快乐的愿望时，身体也会跟着调整到快乐时的状态，从而形成良性的循环。不信你就试试。

美好的日子给你带来经历，阴暗的日子给你带来阅历

经济不景气，大学生刚毕业就待业；裁员、下岗、减薪……这些每天都充斥在工薪阶层的耳旁，扰得人们寝食难安；消费水平提高、物价上涨、孩子上学问题、户口问题、买不起房子买不

起车、租个房子还要整天面对苛刻的房东……面对如此尴尬的处境，人们不禁感叹：这日子真的是没法过了。

艰难的日子虽然让人焦头烂额，可是我们却没有办法选择别样的生活。既然改变不了，那么我们不如冷静地接受，认真地过好每一天，这样也许我们就会有很多意外的收获，生活也不会再让我们觉得痛苦了。

众所周知，王宝强是个在少林寺里拳来脚往生活了六年的孩子，因为克制不住内心梦想之火的燃烧，就决定出少林"闯荡江湖"了。他从少林寺伙房师傅的口中得知很多师兄弟都去了北京做武打替身，可以拍电影，还可以和很多大明星接触……被外面五彩缤纷的生活所吸引，也被心中的梦想所牵引，于是王宝强来到北京，开始了所谓的"北漂生活"。

实际上，我们可以想象得到，像王宝强这样没有什么学历和文凭的人，在"北漂"中注定是不能气定神闲的。他曾经自己回忆："那个时候住排房，屋子很小，夏天非常拥挤，五六个师兄弟挤在一个炕上。不过房租很便宜，一个月100块，每个人每月也就20块钱的租金。"可是，就算你有一身好武功，也要有戏演才能维持生活。而实际上，只凭当替身的那点儿拳脚费，几乎无法维持生活。于是，那个时候的王宝强，几乎是"替身和民工"并存。

生活的艰难并没有动摇王宝强的信念，不管生活多难，他都咬紧牙关坚持着。接下来的两年里，他忽然和家里失去了联系。

不要在该动脑子的时候
动感情

又一次访谈中，王宝强的哥哥说："他到了北京忽然和家里失去了联系，信也没有，电话也没有，差不多将近两年的时间，我妈妈想他都快得病了。他忽然有一天打电话回来，说自己得了大奖，开始我们都还不信呢……"

王宝强的确曾经和家里失去联系，他说："那个时候没有钱，就是没钱打电话。""而且也不想打，没混出来个人样，觉得没法跟家里交代，没脸和家里人说。"就在那样孤独、艰难的岁月里，王宝强一面做"武替"，一面做民工，才勉强维持了自己的生活。有时候"武替"一天有几十块钱，有时候就只有一顿盒饭，可是即便这样，王宝强也觉得挺好的，来了北京，能吃饱，还能长见识。

很多师兄都劝他："宝强，咱回去吧。你说咱们武功也一般，长得也不好，还没什么文化，哪有导演愿意要咱们这样的呀。不是每个人都有李连杰那样的好运气的。"可是，倔犟的王宝强就是不肯认输，抱定了"再难也要坚持下去"的观点，坚决要留在北京打拼。记得蒲松龄曾经写过这样的落第自勉联："有志者，事竟成，破釜沉舟，百二秦关终属楚；苦心人，天不负，卧薪尝胆，三千越甲可吞吴。"不知道是不是因为他"愚公移山"的精神感动了上帝，好运终于飘然降临了。

李扬导演相中了他，电影《盲井》中的优秀表演让他一举成名，并荣获了当年金马奖最佳新人奖。随后，冯小刚导演找到了他，他和中国优秀的几个一线大明星、众多影帝影后加盟《天下无贼》。那个憨厚的"傻根"让人们一下子记住了他的名字。王宝强的星途从此一帆风顺。

很多人认为王宝强之所以能越来越好，是因为他太幸运了。可是王宝强却说：我并不是幸运的一个，能够有今天的成绩，是因为我一直没有放弃，尽管日子很难过，但是我一直在认真过好每一天。

尽管在生活中，我们每个人都会遇到各种各样的磨难和考验，只有能够认真地过日子的人，才能在最后的关头突破自己，创造生活的奇迹。其实，生活中给予我们每个人的机会都是相同的，越是艰难的岁月，就越能提供给我们进步的空间。所以，不要总是抱怨日子不好过，只要我们坚持，认真地过好每一天，我们就能抓住希望。

冬天里会有绿意，绝境中也会有生机

我们知道，事情的发展往往具有两面性，犹如每一枚硬币总有正反面一样，失败的背后可能是成功，危机的背后也有转机。

1974年，第一次石油危机引发经济衰退时，世界运输业普遍不景气，但当时美国的特德·阿里森家族却收购了一艘邮轮，成立嘉年华邮轮公司，后来这家公司成为世界上最大的超级豪华邮轮公司；世界最大的钢铁集团米塔尔公司，在20世纪90年代

不要在该动脑子的时候
动感情

末，世界钢铁行业不景气的时候，进行了首次大规模兼并，然后迅速扩张起来。所以说，危机中有商机，挑战中有机遇，艰难的经济发展阶段对企业来说是充满机会的，对企业如此，对个人、对民族、对国家也是如此。

2008年经济危机爆发后，美国很多商业机构和场所顿时萧条了，但酒吧的生意却悄悄地红火起来。原来，精明的酒商们发现美国人开始越来越喜欢喝战前禁酒令时期以及大萧条时期的酒品，比如由白兰地、橘味酒和柠檬汁调制成的赛德卡鸡尾酒。酒商们迅速嗅出了新商机，推出了一款改进的老牌鸡尾酒。美国一个酒业资深人士指出，人们在困难时期，往往会从熟悉的东西那里寻求安慰，老式鸡尾酒自然而然会走俏。这种酒品，不仅让酒商们大赚了一笔，而且还能使疲于应对经济危机的美国人民得到慰藉。

"危中有机，化危为机。"一些中外专家认为，如果危机处置得当，金融风暴也有可能成为个人、企业或国家迅速发展的机遇。所以，冬天里会有绿意，绝境里也会有生机。

危机之下，谁都不希望面临绝境，但绝境意外来临时，我们挡也挡不住，与其怨天尤人，还不如奋力一搏，说不定，还会创造一个奇迹。

有人说过这样一句话："瀑布之所以能在绝处创造奇观，是因为它有绝处求生的勇气和智慧。"其实我们每个人都像瀑布一样，在平静的溪谷中流淌时，波澜不惊，看不出蕴含着多大的力量，往往当我们身处绝境时，才能将这种力量激发出来。

下面是一个在绝境里求生存的真实故事：

第二次世界大战期间，有位苏联士兵驾驶一辆苏 H 正式重型坦克，非常勇猛，一马当先地冲入了德军的心腹重地。这一下虽然把敌军打得抱头鼠窜，但他自己渐渐脱离了大部队。

就在这时，突然轰隆隆一声，他的坦克陷入了德军阵地中的一条防坦克深沟之中，顿时熄了火，动弹不得。

这时，德军纷纷围了上来，大喊着："俄国佬，投降吧！"

刚刚还在战场上咆哮的重型坦克，一下子变成了敌人的瓮中之物。

苏联士兵宁死也不肯投降，但是现实一点儿也不容乐观，他正处于束手待毙的绝境中。

突然，苏军的坦克里传出了"砰砰砰"的几声枪响，接着就是死一般的沉寂。看来苏联士兵在坦克中自杀了。

德军很高兴，就去弄了辆坦克来拉苏军的坦克，想把它拖回自己的堡垒。可是德军这辆坦克吨位太轻，拉不动苏军的庞然大物，于是德军又弄了一辆坦克来拉。

两辆德军坦克拉着苏军坦克出了壕沟。突然，苏军的坦克发动起来，它没有被德军坦克拉走，反而拉走了德军的坦克。

德军惊慌失措，纷纷开枪射向苏军坦克，但子弹打在钢板上，只打出一个个浅浅的坑洼，奈何它不得。那两辆被拖走的德军坦克，因为目标近在咫尺，无法发挥火力，只好像被驯服的羔

冬天里会有绿意，绝境中也会有生机。

羊，乖乖地被拖到苏军阵地。

原来，苏联士兵并没有自杀，而是在那种绝境中，被逼得想出了一个绝妙的办法。他以静制动，后发制人，让德军坦克将他的坦克拖出深沟，然后凭着自身强劲的马力，反而俘虏了两辆德军坦克。

其实，每个人皆是如此，虽然我们的生活并不会时时面临枪林弹雨，但总有身处绝境的时候，每当此时，我们往往会产生爆发力，而正是这种爆发力将我们的力量激发出来了。所以，面临绝境的时候，不要灰心、不要气馁，更不要坐以待毙，勇往直前，无所畏惧，你我都可以"杀出一条血路"。

忍耐，笑到最后的黄金法则

中国人做人向来提倡"以忍为上""吃亏是福"，这是一种玄妙高深的处世哲学。常言道：识时务者为俊杰。并非专指那些纵横驰骋如入无人之境，冲锋陷阵无坚不摧的英雄，而应是那些看准时机、能屈能伸的处世者。汉初，张良原本是一个落魄贵族，后来作为汉高祖刘邦的重要谋士，运筹帷幄之中，辅佐刘邦平定天下，因功被封为留侯，与萧何、韩信一起共为汉初"三杰"。

张良年少时因谋刺秦始皇未遂，被迫流落到下邳。一日，他

不要在该动脑子的时候
动感情

到沂水桥上散步，遇一穿着短袍的老翁，近前故意把鞋摔到桥下，然后傲慢差使张良说："小子，下去给我捡鞋！"面对那人的侮辱，张良愕然，不禁心中有些不平但碍于长者之故，不忍下手，只好下去取鞋。老人又命其给穿上。饱经沧桑、心怀大志的张良，对此带有侮辱性的举动，居然强忍不满，膝跪于前，小心翼翼地帮老人穿好鞋。老人非但不谢，反而仰面长笑而去。张良呆视良久惊讶无语，不久老人又折返回来，赞叹说："孺子可教也！"遂约其五天后凌晨在此再次相会。张良迷惑不解，但反应仍然相当迅捷，跪地应诺。

五天后，鸡鸣之时，张良便急匆匆赶到桥上。不料老人已先到，并斥责他："为什么迟到，再过五天早点儿来。"第二次，张良半夜就去桥上等候。他的真诚和隐忍博得了老人的赞赏，这才送给他一本书，说："读此书则可为王者师，十年后天下大乱，你用此书兴邦立国；十三年后再来见我。我是济北穀城山下的黄石公。"说罢扬长而去。

张良惊喜异常，天亮看书，乃《太公兵法》。从此，张良日夜诵读，刻苦钻研兵法，俯仰天下大事，终于成为一个深明韬略、文武兼备、足智多谋的"智囊"。古往今来，"忍"字堪称众多有志之士的人生哲学。越王勾践也罢、韩信也罢，都曾忍受过常人难忍之辱，最终渡过了难关，成就了大业。清代金兰生《格言联璧·存养》中说："必能忍人不能忍之触忤，斯能为人不能为之事功。"

忍，是一种韧性的战斗，是一种永不败北的战斗策略，是战胜人生危难和险恶的有力武器。忍，是医治磨难的良方。忍人一时之疑、一时之辱，一方面可脱离被动的局面，同时也是一种对意志、毅力的磨炼。

《菜根谭》中有一句话："处世让一步为高，退步即进步的根本；待人宽一分是福，利人是利己的根基。"忍住自己的私欲、怒火，实际上是帮助你自己成就大业。

现实生活中，很多人都会碰到不尽如人意的事情。残酷的现实需要你对人俯首听命，这时候，你一定要谨慎面对。要知道，敢于碰硬，不失为一种壮举。可是，当敌人足够强大时你的强硬无异于以卵击石。一定要拿着鸡蛋去与石头斗狠，只能算作无谓的牺牲。这样的时候，就需要用另一种方法来迎接生活。

古人说："小不忍则乱大谋。"坚韧的忍耐精神是一个人意志

坚定的表现，更是一个人处事谋略的体现。尤其在生活中难得事事如意，丢面子是常有的事，学会忍耐，婉转退却，才可以获得无穷的益处。人际交往中，如果我们能舍弃某些蝇头微利，也将有助于塑造良好的自我形象，获得他人的好感，为自己赢得更大的影响力。凡事有所失必有所得；若欲取之，必先予之。有识之士不妨谨记：百忍成金，遇事忍字当先必能有所收获。

笑看天下几多愁

人生欢喜多少事，笑看天下几多愁。

我们从小就在做游戏，游戏的本身，就是在不断战胜挫折与失败中获取一种刺激与欢乐，假如没有挫折与失败，再好的游戏也会索然无味。"那就是一场游戏一场梦"，人生如梦。人们玩游戏时的心态，是寻找娱乐，是带着挑战的心情去面对游戏中的困难与挫折的，你面对强大的对手，不断地损伤受挫，但越是如此，你越发兴头十足。试想，倘若人们在生活中，也有这么一种积极向上的游戏心态，那么失败与挫折，也就不会显得那般沉重和压抑。既然如此，我们为何不能将挫折变成一种游戏呢？那样便会让痛苦沮丧的心态超然快活起来。二者其实并无差别，只是人们在游戏中身心放松，而在生活中过于紧张。于是，你可以体味游戏中面对和战胜挫折的欢乐。同样，只有你将生活中的挫折视为游戏，才会从中体味积极人生的快乐……

每个人的路都不一样，但命运对我们都是公平的，有所得必所有失，有痛苦也有快乐，就看你能不能咬定青山不放松，心往好处想。西方哲学家蓝姆·达斯讲过这样一个故事：

一个病入膏肓、仅剩数周生命的妇人，整天思考死亡的恐怖，心情坏到了极点。蓝姆·达斯去安慰她说："你是不是可以不要花那么多时间去想死，而把这些时间用来考虑如何快乐地度过剩下的时间呢？"

他刚对妇人说时，妇人显得十分恼火，但当她看出蓝姆·达斯眼中的真诚时，便慢慢地领悟着他话中的诚意。"说得对，我一直都在想着怎么死，完全忘了该怎么活了。"她略显高兴地说。

一个星期之后，那妇人还是去世了，她在死前充满感激地对蓝姆·达斯说："这一个星期，我活得比前一阵子幸福多了。"

"苦乐无二境，迷悟非两心。"妇人学会了心往好处想，所以在离开人世前仍能感到一丝幸福，快乐地合上双眼；如果她仍像以前一样，一味地想死，那只能是痛苦地离开人世。

心往好处想，不论何时、不论何事，只要仍在人间，就要心往好处想，天堂和地狱就在人心中。人可以没有名利、金钱，但必须拥有美好的心情。

看看下面童真无忌的画面，不知你想到了什么？

在一个春光明媚的日子，在阳光普照的公园里，许多小孩正在快乐地游戏，其中一个小女孩不知绊到了什么东西，突然摔倒

不要在该动脑子的时候
动感情

了，并开始哭泣。这时，旁边有一位小男孩立即跑过来，别人都以为这个小男孩会伸手把摔倒的小女孩拉起来或安慰鼓励她站起来。但出乎意料的是，这个小男孩竟在哭泣着的小女孩身边也故意摔了一跤，同时一边看着小女孩一边笑个不停。泪流满面的小女孩看到这幅情景，也觉得十分可笑，于是破涕为笑，俩人滚在一起非常开心。

将生活中的挫折和困难视为"游戏"，不是游戏人生，而是以积极的心态面对现实，去战胜挫折和困难。笑看忧愁，笑看人生，如此而已！

世上最美的，莫过于从泪水中挣脱出来的那个微笑

以欢乐面对人生，以宽容对待别人，以笑声战胜挫折，以信心面对困难，以欣赏的目光看待每一件事物。

1954 年，当美国著名作家海明威上台接受诺贝尔文学奖时，他却谦虚地说道："得此奖项的人应该是那位美丽的丹麦女作家——嘉伦·碧森。"

海明威所说的这位丹麦女作家，就是曾经凭电影《走出非洲》获得好莱坞奥斯卡金像奖的女主人公。《走出非洲》这部电影的结尾，打上一行小小的英文字：嘉伦·碧森返回丹麦后成了一位女作家。

嘉伦·碧森从非洲返回丹麦后，不但成为一位享誉欧美文坛的女作家，而且在她去世30多年后，她和比她早出世80年的安徒生并列为丹麦的"文学国宝"。

嘉伦·碧森离开非洲的那一年，可以说是一个什么都没有的女人，有的只是一连串的厄运：她苦心经营了18年的咖啡园因长年亏本被拍卖了；她深爱的英国情人因飞机失事而毙命；她的婚姻早已破裂，前夫再婚；最后，连健康也被剥夺了，多年前从丈夫那里感染到的梅毒发作，医生告诉她，病情已经到了药物不能控制的阶段。

回到丹麦时，她可以说是身无分文，而且除了少女时代在艺术学院学过画画以外，无一技之长。她只好回到母亲那里，仰赖母亲，她的心情简直落到绝望的谷底。

在痛苦与低落的状况下，她鼓足了勇气，开始在老家伏案笔耕。一个黑暗的冬天过去了，她的第一本作品终于脱稿，是七篇诡异小说。

她的天分并没有立刻受到丹麦文学界的欣赏，她的第一本作品在丹麦饱尝闭门羹。有的人甚至认为，她故事中所描写的鬼魂，简直是颓废至极。

嘉伦·碧森在丹麦找不到出版商，便亲自把作品带到英国去，结果又碰了一鼻子灰。英国出版商很礼貌地回绝她："夫人，我们英国现在有那么多的优秀作家，为何要出版你的作品呢？"

嘉伦·碧森颓丧地回到丹麦。她的哥哥蓦然想起，曾经在一

不要在该动脑子的时候
动感情

次旅途中认识了一位在当时颇有名气的美国女作家，毅然把妹妹的作品寄给那位美国女作家。事有凑巧，那位女作家的邻居正好是个出版商，出版商读完了嘉伦·碧森的作品后，大为赞赏地说，这么好的作品不出版实在是太可惜了。她愿意为文学冒险。

1943 年，嘉伦·碧森的第一本作品《七个歌德式的故事》终于在纽约出版，并一鸣惊人，不但好评如潮，还被《这月书俱乐部》选为该月之书。当消息传到丹麦时，丹麦记者才四处打听，这位在美国名噪一时的丹麦作家到底是谁。

嘉伦·碧森在她行将 50 岁那年，从绝望的黑暗深渊，一跃而成为文学天际一颗闪亮的星星。此后，嘉伦·碧森的每一部新作都成为名著，原文都是用英文书写，先在纽约出版，然后再重渡北大西洋回到丹麦，以丹麦文出版。嘉伦·碧森在成名后说，在命运最低潮的时刻，她和魔鬼做了个交易。她效仿歌德笔下的浮士德，把灵魂交给了魔鬼，作为承诺，让她把一生的经历都变成了故事。

嘉伦·碧森把自己一生的各种经历先经过一番过滤、浓缩，最后把精华部分放进她的故事里。她的故事大都发生在一百多年前，因为她认为，唯有这样她才能得到最大的文学创作自由。熟悉嘉伦·碧森的读者，不难在其作品中看到她的影子。

嘉伦·碧森写作初期以 Isak Dinesen 为笔名，成名后才用回本名。Isak，犹太文是"大笑者"的意思。她之所以采用这笔名，也许是在暗示世人，以笑声面对残酷的命运。

嘉伦·碧森成为北大西洋两岸文学界的宠儿后，丹麦时下的年轻作家皆拜倒在她的文学裙下，把她当女王般看待。74 岁那年，她第一次拜访纽约，纽约文艺界知名人士，包括赛珍珠和阿瑟·米勒皆慕名而来。嘉伦·碧森为她的文学也付出了很大的代价，梅毒给她带来极大的肉体痛苦，当梅毒侵入她的脊柱时，她常痛得在地上打滚儿。晚年时，她变得极其消瘦、衰弱，坐立行皆痛苦不堪。

嘉伦·碧森死时 77 岁，死亡证书上写的死因是：消瘦。正如她晚年所说的两句话："当我的肉体变得轻如鸿毛时，命运可以把我当作最轻微的东西抛弃掉。"

有的人喜欢以笑声面对困苦，有的人喜欢以埋怨面对不幸。既然笑也要过生活，哭也要过生活，为什么不能让自己过得快乐一点呢？

所以，无论遭遇多大的痛苦和不幸，你都要面带微笑，勇敢面对，让自己活得快乐一点、活得精彩一点！

用你的笑容去改变这个世界，别让这个世界改变了你的笑容

只有具备了淡然如云、微笑如花的人生态度，困境和不幸才能被锤炼成通向平安的阶梯。

人在什么时候最有魅力？就是在微笑的时候。一个积极向上的人，一个热爱生活的人，微笑是他显露最多的表情。

达·芬奇用蒙娜丽莎的微笑征服了整个世界，可见微笑是多么神奇。微笑的魅力无所不在，它可以美化我们的心灵，也可以让快乐无处不在，是它让这个世界充满友善与朝气。一个真心的微笑，不管是从眼睛看到的或从声音里听到的，都是一个很好的开端。

在人际交往中，我们需要微笑。微笑是一种令人愉快的表情，表达的是一种热情而积极的处世态度。微笑甚至可以创造财富，引领你走向成功。

几年前，底特律的哥堡大厅举行了一次巨大的汽艇展览会，人们蜂拥而至，在展览会上人们可以选购各种船只，从小帆船到豪华的游艇都可以买到。

在汽艇展览会期间，一家汽艇厂丢了一宗巨大的生意，而另一家汽艇厂却用微笑把顾客挽留了下来。

事情是这样的：一位富翁，他来到一艘展览的大船旁对站在他面前的推销员说："我想买艘汽船。"这对推销员来说，可是求

之不得的好事。那位推销员很周到地接待了富翁，只是他脸上冷冰冰的，没有一丝笑容。

这位富翁看着这位推销员那没有笑容的脸，里面似乎藏有什么心机，然后走开了。

他继续参观，到了下一艘陈列的船前，这次他受到了一位年轻推销员的热情招待。这位推销员脸上始终挂满了欢迎的笑容，那微笑像太阳一样灿烂，使这位富翁有宾至如归的感觉，所以，他又一次说："我想买艘汽船。"

"没问题。"这位推销员脸上带着微笑答道，"我会为你介绍我们的产品。"

后来，这位富翁果然交了订金，并且对这位推销员说："我喜欢人们表现出一种他们非常喜欢我的样子，现在你已经用微笑给我表现出来了。在这次展览会上，你是唯一让我感到我是受欢迎的人。"

第二天，这位富翁带着一张保付支票回来，购买了价值2000万美元的汽船。

不难看出，微笑就是无声的行动，一个人温和、亲切、洋溢着笑意，远比他穿着一套华丽、高档的衣服更引人注意，也更受人欢迎。因为微笑是一种宽容、一种接纳，它缩短了人与人之间的距离，使彼此之间心心相通。喜欢微笑着面对他人的人，往往更容易走入对方的内心。所以说，微笑是成功者的先锋。

现实生活中，许多人都意识到了服饰仪容对自己人际交往的

不要在该动脑子的时候
动感情

重要，所以，临出门前，我们总是要对着镜子特意整理一番，看头发是否凌乱、领带是否平整、化妆是否恰到好处，唯恐因衣着的粗俗和妆饰的不雅而被人轻视。然而，我们也不能忽略另一种魅力，那就是微笑。其实，对于社交来说，整理表情有时比整理服饰、化妆更重要。

说到这里，我们就不能不说到以微笑服务冠于全球的希尔顿旅馆。

希尔顿于 1887 年生于美国新墨西哥州。他的父亲去世的时候，只给年轻的希尔顿留下 2000 美元的遗产。希尔顿加上自己的 3000 美元，只身去得克萨斯州买下了他的第一家旅馆。当旅馆资产增加到 5100 万美元的时候，他欣喜而自豪地告诉了他的母亲。但是，母亲却淡然地说："依我看，你和从前根本没有什么两样，不同的只是你已把领带弄脏了一些而已。事实上你必须把握比 5100 万美元更值钱的东西。除了对顾客诚实之外，还要想办法使每一个住进希尔顿旅馆的人住过了还想再来住，你要想一种简单、容易、不花本钱而行之长久的办法去吸引顾客。这样你的旅馆才有前途。"

希尔顿听后，苦苦思量母亲严肃的忠告：究竟什么"法宝"才具备母亲所指示的"一要简单，二要容易做，三要不花本钱财，四要行之长久"呢？终于希尔顿想出来了："这个法宝就是微笑。只有微笑具备这四大条件，也只有微笑能发挥如此大的影响！"于是希尔顿根据这一法宝定出了他经营旅馆的三大信条：

辛勤、信心、眼光。他要求员工照此信条实践。他也要求员工，无论如何辛劳都必须对旅客保持微笑。他确信，微笑将有助于希尔顿旅馆世界性的发展。

事实上，希尔顿旅馆能从美国 20 世纪 30 年代的经济萧条中幸存下来，且领先进入繁荣时代，便证明了希尔顿判断的正确性。希尔顿在接下来的经营中也一直强调他微笑服务的这一法宝。

每当希尔顿为旅馆充实一批现代化设备时，他就要来到旅馆，召集全体员工开会。"现在我们的旅馆已新添了第一流设备，你们觉得还必须配合一些什么第一流的东西使客人更喜欢它呢？"员工回答之后，希尔顿会微笑地摇着头说："请你们想一想，如果旅馆里只有第一流的设备而没有第一流服务员的微笑，那些旅客会认为我们供应了他们全部最喜欢的东西吗？缺少服务员的微笑，正好比花园里失去了春天的太阳和春风。如果我是顾客，我宁愿住进那虽然只有残旧地毯，却处处见到微笑的旅馆，而不愿走进只有一流设备而不见微笑的地方……"

现在，希尔顿的资产已从 5000 美元发展到数十亿美元。希尔顿旅馆已经吞并了曾经号称为"旅馆大王"的纽约华尔道夫的奥斯托利亚旅馆，买下了号称为"旅馆之后"的纽约普拉萨旅馆。与此同时，他的名言"你今天对客人微笑了没有"也在这些旅馆深处震荡开来。

微笑是希尔顿旅馆最宝贵的无形资产，也是它制胜的魅力所在。希尔顿的成功，就是从微笑服务开始的。不难看出，在生活中只有"微笑"的量是不够的，要努力提高"微笑"的质，创造出属于我们现代人的高品位的"微笑服务"与"微笑文化"。

在真诚的微笑中，人们可以更多地感悟到生活中的真、善、美，也可以更深刻地体会到微笑者的人格魅力。人们都期待着更多的微笑，那么，我们怎样才能保持住自己的微笑呢？

第一，让那些能够给你带来轻松愉快的事情围绕着你。

第二，你要相信自己的微笑是世界上最美的微笑。

第三，尽量消除或减少一些负面消息对你的影响。了解世界上所发生的一些新闻是重要的，但不必要每天都是如此。

第四，在办公室里的显眼位置上，摆放假日里令你难忘的照片。因为照片可以使你从日常紧张的工作中得到片刻的休息。

第五，每天，在你的周围，去努力寻找那些幽默和欢乐的事情。

第六，最为重要的一点就是要记住，微笑不是仅仅为了别人，更是为了自己。

走遍世界，微笑是通用的护照；走遍全球，阳光雨露般的微笑是你畅行无阻的通行证。一旦你学会了阳光灿烂般的微笑，你就会发现，你的生活从此会变得更加轻松，而人们也喜欢享受你那如阳光般灿烂的微笑。

你对生活笑，生活就不会对你哭

生活犹如一面明镜，你对它笑，它就不会对你哭。

在生活中，我们每一个人快乐与否，不是取决于自己财富的多少、自己的美貌程度或是自己的地位如何等外在因素，而是取决于自己的心态这一内在因素。人们常说"好心态才有好人生"就是这个意思。一个人无论他多有钱、多美貌或地位有多高，如果他对生活哭丧着脸，那么生活也不会给他好脸色。

苏菲拥有一切。她有一个完美的家庭，住豪华公寓，从来不用为钱发愁。而且，她年轻、聪慧、漂亮。路易是她的朋友，路易觉得和苏菲一起外出是一件乐事。在餐厅里，路易会看到邻桌的男士频频向她注目，邻桌的女士因她而相互窃窃私语。有她的陪伴，路易感觉很棒。她让路易由衷地认为做男人真好。

不过，当所有闲聊终止的时候，这样一刻出现了：苏菲开始向路易讲述她悲惨的生活，她为减肥而跳的狐步舞，她为保持体形而做的努力，以致得了厌食症。路易简直不敢相信自己的耳朵！这位美丽的女士真实地、深切地认为自己胖而且丑，不值得任何人去爱。路易对她说，她也许弄错了。事实上，这世界上一半的人为了能拥有她那样的容貌、她那样的好运气和生活，宁愿付出任何代价。不，不，苏菲悲哀地挥着手说，她以前也听过类似的话。她知道这话只是出于礼貌，只是一种于事无补的慰藉。

不要在该动脑子的时候
动感情

而路易越是试图证实她是一位幸运的女孩，她越是表示反对。苏菲对她生活的总结就是"糟透了"。

生活赐予我们的越多，我们就越觉得所有的一切都是理所当然。然后，我们对生活的期望值也就越高。想象一下苏菲生而拥有一切，金钱、容貌、智慧……但就因为身材这一小问题使她对生活的看法大变。而她应当知道：生活并不完美，而且生活从来也不必完美！只要想一想生活是多么风云变幻，我们就应该明白了。许多人都听过"超人"克里斯托夫·瑞维斯的故事。他曾经又高又帅、又健壮、又知名、又富有。可是，一次，他不慎从马上跌落下来，摔断了脖子。从此，他就高位截瘫了。现在，他已经离开了这个世界。不过，瑞维斯和苏菲的不同在于：他感谢上帝让他保留了一条生命，使他可以去做一些真正有意义的事——为残疾人事业做努力。而苏菲则是为她腹部增加或减少了几毫米厚的脂肪或喜或悲着。两人之间的这个不同的产生说到底还是自己的心态问题。

卡耐基曾讲过这样一个故事：

塞尔玛陪伴丈夫驻扎在一个沙漠的陆军基

地里，她丈夫奉命到沙漠去学习，她一人留在陆军的小铁皮房子里，天气热得受不了。即便在仙人掌的阴影下也是华氏 125 度。那儿没有人与她聊天，只有墨西哥人和印第安人，而他们不会说英语。塞尔玛太难过了，就写信给父母，说要丢开一切回家去。而她父亲的回信只有两行，但这两行信却完全改变了她的生活：

> 两个人从牢中的铁窗望出去，
> 一个看到泥土，一个却看到星星。

塞尔玛一再地读这封信，觉得大受启发。她决定要在沙漠中找到"星星"。

于是，塞尔玛开始和当地人交朋友，他们热情而友善。塞尔玛对他们的纺织、陶器表示兴趣，他们就把最喜欢的、舍不得卖给观光游客的纺织品和陶器送给了她。塞尔玛研究那些令人入迷的仙人掌和各种沙漠植物，还学习有关土拨鼠的知识。她观看沙漠日落，甚至寻找到了海螺壳，要知道这些海螺壳是几万年前当这沙漠还是海洋时留下来的……最后，那原来难以忍受的环境变成了令塞尔玛兴奋、留连忘返的奇景。

那么，到底是什么使塞尔玛对生活的看法有了这么大的转变？

其实，沙漠没有改变，印第安人也没有改变，只是塞尔玛的心态改变了。一念之差，使她把原先认为恶劣的遭遇变为一生中最有意义的冒险。她为发现的新世界兴奋不已，并为此写了一本书，并将书以《快乐的城堡》为名出版了。我们可以说，她终于

不要在该动脑子的时候
动感情

看到了自己的"星星"。

生活是属于自己的，我们为何不对之一笑？要知道，生活从来都是真实的、诚恳的，所以，我们不妨用自己的笑脸来换回生活的笑脸。

世上没有绝对不幸的人，只有不肯快乐的心

世上没有绝对幸福的人，只有不肯快乐的心。你必须掌控好自己的心舵，下达命令，来支配自己的命运。

一群年轻人到处寻找快乐，却遇到许多烦恼，于是他们向苏格拉底请教："快乐到底在哪里？"

苏格拉底说："你们还是先帮我造一条船吧！"这群年轻人开始不太理解，既然是来请教，苏格拉底的话又不好不听，或许造好了船就会得到苏格拉底正面的回答。

就这样，他们暂时把寻找快乐的事儿放到一边，找来造船的工具，用了七七四十九天，造出了一条独木船。

船下水的那天，他们把苏格拉底请上船，一边合力摇桨，一边高声唱歌。

这时，苏格拉底问他们："孩子们，你们快乐吗？"年轻人齐声回答："快乐极了！"

于是，苏格拉底告诉他们："快乐是一种体验、一种感受，它

就存在于我们的生活和工作之中，不必刻意去寻找；同时，我们的快乐是由自己创造的，别人的赐予是对我们付出的回报。其实，快乐时时刻刻都伴随着我们，只是我们不曾注意罢了。"

人生在世不如意事常八九，这是一条客观规律，不可能以人的意志为转移。倘若把不如意的事情看成自己构想的一篇小说，或是一场戏剧，自己就是那部作品中的一个主角，心情就会变好许多。一味地沉入不如意的忧愁中，只能使不如意变得更不如意。"去留无意，看庭前花开花落；宠辱不惊，望天际云卷云舒。"既然悲观于事无补，那我们何不用乐观的态度来对待人生呢？

用乐观的态度面对人生，可看到"青草池边处处花"，"百鸟枝头唱春山"，用悲观的态度面对人生，举目皆是"黄梅时节家家雨"，低眉即听"风过芭蕉雨滴残"。譬如打开窗户看夜空，有的人看到的是星光璀璨，夜空明媚；有的人看到的是黑暗一片。一个心态正常的人可在茫茫的夜空中读出星光的灿烂，增强自己对生活的信心，一个心态不正常的人让黑暗埋葬了自己且越葬越深。

悲观使人生的路越走越窄，乐观使人生的路越走越宽，选择乐观的态度对待人生是一种机智。悲观在寻常的日子里随处可以找到，而乐观则需要努力，需要智慧，才能使自己保持一种人生处处充满生机的心境。在诸多无奈的人生里，仰望夜空看到的是闪烁的星斗；俯视大地，大地是绿了又黄，黄了又绿的美景……这种乐观是坚忍不拔的毅力支撑起来的一种风景。

在迪河河畔，住着一个磨坊主，据说他是英格兰最快活的人。这一带的人都喜欢谈论他。终于，烦恼的国王想见他一面。

"我要去找这个奇异的磨坊主谈谈，也许他能告诉我怎样才能快乐。"国王刚到磨坊，磨坊主就对他说："我不羡慕任何人，因为我要多快乐就有多快乐。"

国王说："我十分羡慕你，我的朋友，只要我能像你那样无忧无虑，我愿意和你换个位置。"

磨坊主笑了，对国王说："我肯定不和您调换位置，陛下。"

"是什么使你在这个满是灰尘的磨坊里如此快乐呢？而我，身为国王，却每天忧心忡忡，烦闷苦恼？"

磨坊主笑着说："我不知道你为什么忧郁，但是我能简单地告诉你，我为什么快乐。我爱我的妻子和孩子，我爱我的朋友们，他们也爱我。我自食其力，不欠任何人的钱。我为什么不应该快乐呢？而且，这条迪河，使我的水磨运转，水磨每天把谷物磨成面粉，养育我的妻子、孩子和我。"

"不要再说了。"国王说，"我羡慕你，你这顶落满粉尘的帽子比我这顶王冠更有价值。你的磨坊给你带来的快乐要比我的王国给我带来的还多。如果人们都像你这样，这个世界该是多么美好！"

每个人都有这样一种体验：心情舒畅，喝一杯清茶，也觉得神清气爽，非常愉快；有时山珍海味，但一怀愁绪，毫无快乐可言。所以，我们说，快乐绝不是某些人的专利，而是人所共有的一种心态，一种精神的体验。任何人只要脱离了每天为吃穿犯愁的困境，生活中总是有着无限乐趣和蓬勃生机的。过得快乐与否，就看你是否善于发现人生的美好，是否有一颗快乐的心。

拥有一颗快乐的心，对任何人来说都非常重要。小孩子拥有一颗快乐的心，就能积极进取，天天向上，健康成长；年轻人拥有一颗快乐的心，就能克服困难，勇往直前，事业有成；老年人拥有一颗快乐的心，就能看淡人间烟火，健康长寿，颐养晚年。

一个人，只要拥有一颗快乐的心，在生活中就能克服困难，就能坦然面对逆境，就不会轻言失败，人生就会出现许多快乐。

快乐的人，往往是一些永远快乐且充满希望的人们。他无论遇到什么情况，脸上总是带着微笑，心平气和地接受人生的变故和挫折。这就是乐观的生活态度。乐观对人就像是太阳对植物一样重要，乐观就是人心中的太阳。

一群因地震被埋在废墟下的人，各人的心态决定了他们是否能在困境中顽强地生存下去。那些将困境视为绝境的人因为意志崩溃而导致身体能量系统不能有效地工作，身体各个机能逐渐丧失。在缺少水和食物的情况下，这将是把他们推向死亡的死神之手。而那些意志坚强、坚信光明终究到来的人，体内会制造出永不枯竭的生命能量，帮助他们渡过难关。

这就是乐观给人们提供的力量，它大到足以支撑整个生命。雨果说："比海洋更广阔的是天空，比天空更广阔的是人的心灵。"要使你的心灵保持宁静与和谐，不被一些琐事所笼罩，就要用智慧之泉来灌溉。

拥有一颗快乐的心关键是要有一个乐观豁达、积极向上的心

不要在该动脑子的时候
动感情

态。困难面前，从容不迫，把困难视为机遇，把困难作为挑战，坚信困难是暂时的，并快乐地去积极应战，面对逆境，不灰心丧气，把逆境看作是自己人生中最重要的一段经历，把逆境作为磨炼自己意志的重要场所，坚信逆境是暂时的，并快乐地去应对一切，面对失败，不心灰意冷，把失败看作还没有成功，把失败作为自己人生的考验，坚信失败是暂时的，并快乐地去奋力拼搏。

快不快乐，完全取决于你

想改变整个世界，很难；而改变自己的思维，则较为容易。换个角度，人生海阔天空。快乐也是如此，完全取决你的态度。

很久以前，人类还赤着双脚走路。

有一位国王到某个乡村巡视，路面的碎石头刺得他的脚又痛又麻。

于是，他下了一道命令，要将国内的所有道路都铺上一层牛皮。他认为这样能让所有人走路时不再痛苦。

但即使杀尽国内所有的牛，也根本做不到。

一位聪明的仆人向国王建议："陛下啊！为什么您要杀那么多头牛，花那么多钱呢？您何不只用两小片牛皮包住您的脚呢？"

国王听了，茅塞顿开，于是立刻收回成命，改用这个建议。

据说，这就是皮鞋的由来。

　　尽管是一国之王，但想改变整个世界，很难；而改变自己的思维，则较为容易。换个角度，人生海阔天空。

　　有两个旅游观光团到日本伊豆半岛旅游，路面很糟糕，到处坑坑洼洼，都是洞。

　　其中一位导游连声抱歉，说路面简直像麻子一样。

　　而另一个导游却诗意盎然地对游客说："各位，我们现在走的这条道路，正是赫赫有名的伊豆迷人酒窝大道。"

　　游客们不由地发出善意会心的微笑。

　　虽是同样的情况，然而不同的意念，就会产生不同的态度。思想是何等奇妙的事，如何去想，决定权在你。

　　事情就是这么简单，同样的问题，从不同的角度去看，就会有截然相反的效果。

　　同样，从不同的角度看人生，就会有不同的结果和心情。明白了这个道理，你的人生怎能不快乐？

在现实生活中，我们往往习惯于以自己既定的思维方式推出结论。其实，很多事情，换个角度，也许结果就会不同。只有敢于冲破传统行为的束缚，我们才可以创造新的生活，带来新的视野。

不小心将手提包丢了，损失了一个月的工资。不要埋怨自己，你应该想，幸好没把买房子的钱放在提包里面。

你回到家，家里乱七八糟的，你不应该责怪家人。你一边收拾东西一边想，整天坐办公室，难得有这样锻炼身体的机会啊！家人看到收拾好的房屋后，是不是也对你赞赏有加，家庭也变得和美融洽了。

如果你换个角度去看生活，是不是生活也变得非常快乐了呢？

丑女也无敌，坏牌自有可取之处

热播的电视剧《丑女无敌》，让很多人看到一个相貌欠佳的女人依然可以很成功。同样，我们自身存在很多不足，我们也会获得成功。

钢铁大王安德鲁·卡内基曾说："不要轻视那些从普通的学校里走出来，一头扎进工作中的年轻人，也不要轻视在办公室里干诸如端茶、扫地一类最低等活的年轻人，他很可能就是一匹黑马，你最好还是密切注意他，终有一天他会向你挑战的。"

人的一生绝不可能是一帆风顺的，有成功的喜悦，也有无尽的烦恼；有波澜不惊的坦途，更有布满荆棘的坎坷与险阻。当苦难的浪潮向我们涌来时，我们唯有与命运进行不懈的抗争，才有希望看见成功女神高擎着的橄榄枝。

古人云："天将降大任于斯人也，必先苦其心志，劳其筋骨，饿其体肤，空乏其身，行拂乱其所为，所以动心忍性，曾益其所不能。"苦难是锻炼人意志的最好的学校。与苦难搏击，它会激发你身上无穷的潜力，锻炼你的胆识，磨炼你的意志。也许，身处苦难之时你会备感痛苦与无奈，但当你走过之后，你会更加深刻地明白，正是苦难给了你人格上的成熟和伟岸，给了你面对一切时无所畏惧的勇气。

苦难，在不屈的人们面前会变成一份礼物，这份珍贵的礼物会成为真正滋润你生命的甘泉，让你在人生的任何时刻都不会轻易被击倒！

一位父亲带儿子去参观凡·高的故居。在看过那张小木床及裂了口的皮鞋之后，儿子问父亲："凡·高不是一位百万富翁吗？"父亲答："凡·高是位连妻子都没娶上的穷人。"

第二年，这位父亲带儿子去丹麦。在安徒生的故居前，儿子又困惑地问："爸爸，安徒生不是生活在皇宫里吗？"父亲答："安徒生是位鞋匠的儿子，他就生活在这栋阁楼里。"

这位父亲是一个水手，他每年往来于大西洋的各个港口。他的儿子叫伊尔·布拉格，是美国历史上第一位获普利策奖的黑人记者。

20年后，在回忆童年时，布拉格说："那时我们家很穷，父

不要在该动脑子的时候 ~~~~~ 动感情

母都靠卖苦力为生。有很长一段时间，我一直认为像我这样地位卑微的黑人是不可能有什么出息的，好在父亲让我认识了凡·高和安徒生，这两个人告诉我，上帝没有这个意思。"

上天有时会把它的宠儿放在困境中，让他们从事卑微的职业，使他们远离金钱、权力和荣誉，却在某个有意义、有价值的领域中让他们脱颖而出。

把困难当作机遇，把挫折当作人生的考验，忍受今天的苦痛，寄希望于明天的甘甜，这样的人必定成功。

不少人面对困难时一味地抱怨、苦恼，长期沉溺其中不能自拔，而抱怨又有何用？只能徒增自己的痛苦罢了！

为什么不换个角度想问题，化阻力为动力呢？

人生的不幸向人们昭示的不纯粹是灾难，或许它正是一个转折点，让你更加努力奋斗，使你的人生更加辉煌。其实，就像丑女照样可以无敌一样，坏牌自有它的可取之处。

你就是自己最大的"王牌"

每个人手里其实都有自己的"王牌"，那便是潜能，这张牌就是每个人翻身的机会。

有这样一个故事：

马祖大师问慧海说："你风尘仆仆从哪里来？"

"从越州大云寺来。"慧海回答。

"来这里干什么？"

"来求佛法。"

马祖大师哈哈大笑，说："我这里什么也没有。"

见慧海一时愣着不说话，于是马祖大师说："我是说你自有宝藏，干吗还来我这里觅宝？"

"什么是我的宝藏？"慧海莫名其妙。

"佛就在你身上，一切俱足，更无欠少，你都不知道，让我怎么给你？"马祖大师摇头说道。

有个农夫拥有一块土地，生活过得很不错。但是，不久他听说，只要有一块钻石就可以很富有。于是，农夫把自己的地卖了，离家出走，四处寻找可以发现钻石的地方。农夫来到遥远的异国他乡，然而却未能发现钻石。最后，他囊空如洗。一天晚上，他在一个海滩自杀了。

真是无巧不成书！那个买下农夫土地的人在地边散步时，无意中发现了一块异样的石头，他拾起来一看，只见它晶光闪闪，反射出光芒。那人仔细查看，发现这是一块钻石。这样，就在农夫卖掉的这块土地上，新主人发现了从未被人发现的巨大的钻石宝藏。

这两个故事是发人深省的，它告诉我们，财富不是仅凭奔走四方去发现的，它属于那些懂得去挖掘的人，只属于相信自己能力的人。这两个故事还告诉了我们，每个人身上都拥有"钻石宝藏"！你身上的"钻石宝藏"就是你的潜能。你身上的这些"钻石"足以使你的理想变成现实。你需要做的只是找到你的王牌，为实现自己的理想付出辛劳。只要你不懈地运用自己的潜能，你就能够做好你想做的一切，从而成为自己生活的主宰。

在现实生活中，有的人常常感到实际中的"我"离理想中的"我"太遥远了。他们一方面在为自己设想一条成功之路，另一方面又悲叹自己无力去实现。为什么有的人在自己平凡的工作中能干出不平凡的成绩，而有的人终生都一事无成呢？问题不在于一个人的天赋有多高，正如不在于你的手里有多少一样，而在于你是否能看清自己，看清自己所拥有的一切。

在每个人的身体里面，都潜藏着巨大的力量。这些力量，只要你能够发现并加以利用，便可以帮你成就你所向往的一切，甚至能让你做出种种神奇的事情来。比如，当有人遇到某种意外事件或灾祸时，一般人都会奋不顾身地去救他。实际上，每个人都具有潜在的英雄品格，而意外事件和灾祸不过是催化剂，使人有了显露这种品格的机会，所以，我们常常看到一个人在灾难临头时会做出惊人的举动。

有些时候，人会发现自己的潜能，比如在某种突如其来的事件或压力下，发现了自己从未发现过的能力；有时读了一本富有感染力的书，或者由于朋友们的真挚鼓励，也能发现自己的内在力量。但无论用何种方法，通过何种途径，一旦激起内在力量后，你所做出的成绩一定会不同于以前。

所以我们说，每个人手里都有一张王牌，这张牌决定着你的未来，只要你能发现自己的潜能，就等于找到了自己的王牌，找到了决胜千里的底气和实力。

不要在该动脑子的时候
动感情

第 7 章

不念过去不畏将来，
一切都是最好的安排

今天的放弃，是为了明天的得到

生活就是这样，很多时候鱼和熊掌不可兼得。这就要求我们要懂得放弃，因为有"舍"才会有"得"，美国大财团洛克菲勒家族用实际行动给我们诠释了这一智慧。

第二次世界大战的硝烟刚刚散尽时，以美、英、法为首的战胜国首脑们几经磋商，决定在美国纽约成立一个协调、处理世界事务的联合国。一切准备就绪后，大家才发现，这个世界性组织，竟没有自己的立足之地。

买一块地皮，刚刚成立的联合国机构还身无分文。让世界各国筹资，牌子刚刚挂起，就要向世界各国搞经济摊派，负面影响太大。况且刚刚经历了战争的浩劫，各国政府都财库空虚，许多国家财政赤字居高不下，在寸土寸金的纽约筹资买下一块地皮，并不是一件容易的事情。联合国对此一筹莫展。

不要在该动脑子的时候
动感情

听到这一消息后，美国著名的家族财团洛克菲勒家族经商议，果断出资 870 万美元，在纽约买下一块地皮，将这块地皮无条件地赠与了这个刚刚挂牌的国际性组织——联合国。同时，洛克菲勒家族亦将毗邻的这块地皮全部买下。

　　对洛克菲勒家族的这一出人意料之举，美国许多大财团都吃惊不已。870 万美元，对于战后经济萎靡的美国和全世界，都是一笔不小的数目，而洛克菲勒家族却将它拱手赠出，并且什么条件也没有。这条消息传出后，美国许多财团主和地产商都纷纷嘲笑说："这简直是蠢人之举！"并纷纷断言："这样经营不要十年，著名的洛克菲勒家族财团，便会沦落为著名的洛克菲勒家族贫民集团！"

　　但出人意料的是，联合国大楼刚刚建成完工，毗邻地价便立刻飙升起来，相当于捐赠款数十倍、近百倍的巨额财富源源不断地涌进了洛克菲勒家族。这种结局，令那些曾经讥讽和嘲笑过洛克菲勒家族捐赠之举的财团和商人们目瞪口呆。

　　这是典型的"因舍而得"的例子。如果洛克菲勒家族没有做出"舍"的举动，勇于牺牲和放弃眼前的利益，就不可能有"得"的结果。放弃和得到永远是辩证统一的。然而，现实中许多人却执著于"得"，常常忘记了"舍"。要知道，什么都想得到的人，最终可能会为物所累，导致一无所获。

　　生活就是如此，如果你不可能什么都得到的时候，那么就应该学会舍弃，生活有时候会迫使你交出权力，不得不放走机会和恩惠。然而我们要知道，舍弃并不意味着失去，因为只有舍弃才会有另一种获得。

与其抱残守缺，不如断然放弃

我们常听到人们如此哀叹："要是……就好了！"这是一种明显的内疚、悔恨情绪，而我们每个人都会不时地发出这种哀叹。

悔恨不仅是对往事的关注，也是由于过去某件事产生的现时惰性。如果你由于自己过去的某种行为而到现在都无法积极生活，那便成了一种消极的悔恨了。吸取教训是一种健康有益的做法，也是我们每个人不断取得进步与发展的重要方法。悔恨则是一种不健康的心理，它会白白浪费自己的精力。实际上，仅靠悔恨是无法解决任何问题的。

爱默生经常以愉快的方式来结束每一天。他告诫人们："时光一去不返，每天都应尽力做完该做的事。疏忽和荒唐事在所难免，要尽快忘掉它们。明天将是新的一天，应当重新开始，振作精神，不要使过去的错误成为未来的包袱。"

要成为一个快乐的人，重要的一点是学会将过去的一切通通忘记，努力向着未来的目标前进。

印度圣雄甘地在行驶的火车上，不小心把刚买的新鞋弄掉了一只，周围的人都为他惋惜。不料甘地立即把另一只鞋从窗口扔

不要在该动脑子的时候
动感情

了出去，让人大吃一惊。甘地解释道："这一只鞋无论多么昂贵，对我来说也没有用了，如果有谁捡到一双鞋，说不定还能穿呢！"

显然，甘地的行为已有了价值判断：与其抱残守缺，不如断然放弃。我们都有过失去某种重要的东西的经历，且大都在心里留下了阴影。究其原因，就是我们并没有调整心态去面对失去，没有从心理上承认失去，总是沉湎于对已经不存在的东西的怀念。事实上，与其为失去的东西懊恼，不如正视现实，换一个角度想问题：也许你失去的，正是他人应该得到的。

卡耐基有一次曾造访希西监狱，他对狱中的囚犯看起来竟然很快乐感到惊讶。监狱长罗兹告诉卡耐基，犯人刚入狱时都认命地服刑，尽可能快乐地生活。有一位花匠囚犯在监狱里一边种着蔬菜、花草，还一边轻哼着歌呢！他哼唱的歌词是：

事实已经注定，事实已沿着一定的路线前进，

痛苦、悲伤并不能改变既定的情势，

也不能删减其中任何一段情节，

当然，眼泪也无补于事，它无法使你创造奇迹。

那么，让我们停止流无用的眼泪吧！

既然谁也无力使时光倒转，不如抬头往前看。

令人后悔的事情，在生活中经常出现。许多事情做了后悔，不做也后悔；许多人遇到了后悔，错过了更后悔；许多话说出来后悔，不说出来也后悔……人生没有回头路，也没有后悔药。过去的已经过去，你再无法重新设计。一味地后悔，会让你错过未来的美好时光，给未来的生活增添阴影。

只要你心无挂碍，什么都看得开、放得下，何愁没有快乐的春莺啼鸣，何愁没有快乐的泉溪歌唱，何愁没有快乐的白云飘荡，何愁没有快乐的鲜花绽放！所以，放下就是快乐，不被过去所纠缠，这才是豁达的人生。

错过花朵，你将收获雨滴

生活中有一种痛苦叫错过。人生中一些极美、极珍贵的东西，常常与我们失之交臂，这时，我们总会因为错过美好而感到遗憾和痛苦。其实喜欢一样东西不一定非要得到它，俗话说："得不到

的东西永远是最好的。"当你为一份美好而心醉时，远远地欣赏它或许是最明智的选择，错过它或许还会给你带来意想不到的收获。

美国哈佛大学要在中国招一名学生，这名学生的所有费用由美国政府全额提供。初试结束了，有30名学生成为候选人。

考试结束后的第10天，是面试的日子。30名学生及其家长云集锦江饭店等待面试。当主考官劳伦斯·金出现在饭店的大厅时，一下子被大家围了起来，他们用流利的英语向他问候，有的甚至还迫不及待地向他作自我介绍。这时，只有一名学生，由于起身晚了一步，没来得及围上去，等他想接近主考官时，主考官的周围已经是水泄不通了，根本没有插空而入的可能。

于是他错过了接近主考官的大好机会，他觉得自己也许已经错过了机会，于是有些懊丧起来。正在这时，他看见一个异国女人有些落寞地站在大厅一角，目光茫然地望着窗外，他想：身在异国的她是不是遇到了什么麻烦，不知自己能不能帮上忙。于是他走过去，彬彬有礼地和她打招呼，然后向她做了自我介绍，最后他问道："夫人，您有什么需要我帮助的吗？"接下来两个人聊得非常投机。

后来这名学生被劳伦斯·金选中了，在30名候选人中，他的成绩并不是最好的，而且面试之前他错过了跟主考官套近乎、加深自己在主考官心目中印象的最佳机会，但是他却"无心插柳柳成荫"。原来，那位异国女子正是劳伦斯·金的夫人。

这件事曾经引起很多人的震动：原来错过了美丽，收获的并不一定是遗憾，有时甚至可能是圆满。

许多的心情，可能只有经历过之后才会懂得，如感情，痛过了之后才会懂得如何保护自己，傻过了之后才会懂得适时的坚持与放弃。在得到与失去的过程中，我们慢慢地认识自己，其实生活并不需要这些无谓的执著，没有什么不能割舍的，学会放弃，生活会更容易！

因此，在你感觉到人生处于最困顿的时刻，也不要为错过而惋惜。失去的说不定会带给你意想不到的收获。花朵虽美，但毕竟有凋谢的一天，请不要再对花长叹了。因为可能在接下来的时间里，你将收获雨滴的温馨和细雨绵绵的浪漫。

勇于选择，果断放弃

生活中，左右为难的情形会时常出现：比如面对两份同时具有诱惑力的工作，两个同时具有诱惑力的追求者。为了得到其中"一半"，你必须放弃另外"一半"。若过多地权衡，患得患失，到头来将两手空空，一无所得。我们不必为此感到悲伤，能抓住人生"一半"的美好已经是很不容易的事情。

两个朋友一同去参观动物园。动物园非常大，他们的时间有限，不可能参观到所有动物。他们便约定：不走回头路，每到一处路口，选择其中一个方向前进。

不要在该动脑子的时候 ～～～
动感情

第一个路口出现在眼前时，路标上写着一侧通往狮子园，一侧通往老虎山。他们琢磨了一下，选择了狮子园，因为狮子是"草原之王"。又到一处路口，分别通向熊猫馆和孔雀馆，他们选择了熊猫馆，熊猫是"国宝"……

　　他们一边走，一边选择。每选择一次，就放弃一次，遗憾一次。

　　因为时间不等人，如不这样做他们遗憾将更多。只有迅速做出选择，才能减少遗憾，得到更多的收获。

　　面对选择和取舍时，必须要有理性、睿智和远见卓识，不可鼠目寸光，不可急功近利，更不可本末倒置，因小失大。选择不是一锤子的买卖，不能因为一粒芝麻丢了西瓜；不能因为留恋一棵小树而失去整片的森林。

　　很多时候，我们总是想选择这个的时候，却害怕错过那个，于是拿起来又放下，到最后一刻还在犹豫，这个会有这样的缺点，那个会有那样的不足，所以总迟迟下不了决心，或者选择之后，又来回地更改，在这样患得患失间耽搁了不少时间，浪费了不少精力。世界上没有十全十美的东西，每一样东西都会有它自

身的弱点，所以，当你选择之后就大胆地往前走，而不是一步三回头，否则会很大程度地影响前进的进程。

而那些事业有成之士，总会在抉择之后一直走下去。

鲁迅在拯救人的灵魂和人的身体之间选择，成为一代文豪；迈克尔·乔丹放弃了棒球运动员的梦想，成为世界篮坛上最耀眼的"飞人"球星；帕瓦罗蒂放弃了教师职业，成为名扬世界的歌坛巨星……

有些选项看似诱人，但如果不适合自己，那就要果断舍弃。做出什么样的选择，要视自身条件和具体情况而定，要有主见，不能人云亦云。

人生的大多数时候，无论我们怎样审慎地选择，终归都不会是尽善尽美，总会留有缺憾，但缺憾本身也是一种美。

社会大舞台上，每个人都是自己生活和生存方式的编导兼演员。只有学会正确地进行选择，果敢地做出取舍，才能演绎出精彩的人生喜剧。

紧紧攥住黑暗的人永远都看不到阳光

很多人都希望自己获得更多，却不愿意将自己已经获得的东西放手。可是生活常常是这样：如果不舍弃黑暗，就看不到阳光；如果不舍弃小利，就换不来更大的收获。

1984年以前，青岛电冰箱厂生产的冰箱按产品质量分为一等品、二等品、三等品、等外品四类。原因就是在那个时候中国刚刚改革开放，物品缺乏造成市场非常好，只要产品还能用，就可以堂而皇之地送出厂门，而且绝对有市场，绝对卖得掉。就连等外品都能够销售得出去。实在卖不了的产品，就分配给一些员工自用，或者送货上门半价卖掉。

然而，在1985年4月事情发生了改变。张瑞敏收到一封用户的投诉信，投诉海尔冰箱的质量问题。于是，张瑞敏到工厂仓库里去，把400多台冰箱，全部做了检查之后，发现有76台冰箱不合格。为此，恼火的张瑞敏很快找到质量检查部，让他们看看这批冰箱怎么处理。他们说既然已经这样，就内部处理算了。因为以前出现这种情况都是这么办的，加之当时大多员工家里都没有冰箱，即使有一些质量上的问题也不是不能用呀。张瑞敏说，如果这样的话，就是说还允许以后再生产这样的不合格冰箱。就这么办吧，你们检查部门搞一个劣质工作、劣质产品展览会。于是，他们搞了两个大展室，在展室里面摆放了那些劣质零部件和那76台不合格的冰箱，通知全厂职工都来参观。员工们参观完以后，张瑞敏把生产这些冰箱的责任者和中层领导留下，并且问他们，你们看怎么办。结果大多数人的意见还是比较一致，都说内部处理算了。

但是，张瑞敏却坚持说，这些冰箱必须就地销毁。他顺手拿了一把大锤，照着一台冰箱就砸了过去。然后把大锤交给了责任者，转眼之间，把 76 台冰箱全都砸烂了。

当时，在场的人一个一个都流泪了。虽然一台冰箱当时才800 多元钱，但是，员工每个月的工资才 40 多块钱，一台冰箱就是他们两年的工资！

通过这件事情，员工们树立起了一种观念，谁生产了不合格的产品，谁就是不合格的员工。一旦树立这种观念，员工们的生产责任心迅速增强，在每一个生产环节都不敢马虎，精心操作。"精细化，零缺陷"变成全体员工发自内心的心愿和行动，从而使企业奠定了扎实的质量管理基础。

经过 4 年的艰苦历程，也就是 1988 年 12 月，海尔获得了中国电冰箱市场的第一枚国内金牌，把冰箱做到了全国第一。

如果当年海尔人都攥着眼前的利益不放，不肯砸烂那些不合格的冰箱，那么，就不会有海尔集团日后的崛起，更不会有如今的声誉。可见，只有肯舍弃的人，才可能获得更多。那些紧紧攥着手里的东西不放的人，也只能是故步自封，得不到更好的发展。

不舍弃鲜花的绚丽，就尝不到果实的香甜

社会发展的速度很快，诱惑随之增多，很多人在诱惑面前停下了自己的脚步。面对层出不穷的诱惑，很多人忘记了自己的方向，在旋涡中纠缠不止，从而平庸一生。

不要在该动脑子的时候
动感情

其实，人生的"口袋"只能装载一定的重量，人的前进行程就是一个不断舍弃的过程。没有舍弃，你就有可能被沉重的包袱滞留在前进的途中。

拉斐尔11岁那年，一有机会便去湖心岛钓鱼。在鲈鱼钓猎开禁前的一天傍晚，他和妈妈早早来钓鱼。装好诱饵后，他将渔线一次次甩向湖心，湖水在落日余晖下泛起一圈圈的涟漪。

忽然，钓竿的另一头沉重起来。他知道一定有大家伙上钩，急忙收起渔线。终于，拉斐尔小心翼翼地把一条竭力挣扎的鱼拉出水面。好大的鱼啊！它是一条鲈鱼。

月光下，鱼鳃一吐一纳地翕动着。妈妈打亮小电筒看看表，已是晚上10点——但距允许钓猎鲈鱼的时间还差两个小时。

"你得把它放回去，儿子。"母亲说。

"妈妈！"孩子哭了。

"还会有别的鱼的。"母亲安慰他。

"再没有这么大的鱼了。"孩子伤感不已。

他环视了四周，已看不到一个鱼艇或钓鱼的人，但他从母亲坚决的脸上知道无可更改。暗夜中，那条鲈鱼抖动着笨重的身躯慢慢游向湖水深处，渐渐消失了。

这是很多年前的事了，后来拉斐尔成为纽约市著名的建筑师了。他确实没再钓到那么大的鱼，但他却为此终身感谢母亲。因为他通过自己的诚实、勤奋、守法，猎取到生活中的大鱼——事业上成绩斐然。

自然界是美丽的，人生也是绚丽的。在几十年的漫漫旅途中，有山有水，有风有雨，有舍弃"绚丽"和"温馨"的烦恼，也有获得"香甜"和"明艳"喜悦，人生就是在舍弃和获得的交替中得到升华，从而到达更高的境界。从这个意义上来说，获得很美好，舍弃也很美丽。

人是有思维、会说话的"万物之灵"，懂得生活中舍弃与获得的道理，必要的舍弃是为了更好地获得。

有人说，人生之难胜过逆水行舟，此话不假。人生在世界上，不如意的事情十之八九，获得和舍弃的矛盾时刻困扰着我们，明白了舍弃之道和获得之法，并运用于生活，我们就能从无尽的繁难中解脱出来，在人生的道路上进退自如，豁达大度。

悬崖深谷处，撒手得重生

悬崖深谷得重生看似一种悖论，实际上却蕴涵着深刻的道理。"悬崖撒手"是一种姿态，美丽而轻盈。放手之后，心灵将获得一片自由飞翔的广袤天空，在瞬间释放与舒展。

行走于人世间，沟沟坎坎不可避免，事情的发展不会总是按照我们的主观想象进行，有时候，万事如意不过是一个美好的心愿罢了。只胡学会放手，才能够逍遥自在，万里行游而心中不留一念。

不要在该动脑子的时候
动感情

有个书生和未婚妻约好在某年某月某日结婚。但到了那一天，未婚妻却嫁给了别人，书生为此备受打击，一病不起。

一位过路的僧人得知这个事情，就决定点化一下他。僧人来到他的床前，从怀中摸出一面镜子叫书生看。书生看到茫茫大海，一名遇害的女子一丝不挂地躺在海滩上。

路过一人，看了一眼，摇摇头走了。

又路过一人，将衣服脱下，给女尸盖上，走了。

再路过一人，过去挖个坑，小心翼翼地把尸体埋了。

书生正疑惑间，画面切换。书生看到自己的未婚妻，洞房花烛，被她的丈夫掀起了盖头。书生不明就里，就问僧人。

僧人解释说："那具海滩上的女尸就是你未婚妻的前世。你是第二个路过的人，曾给过她一件衣服。她今生和你相恋，只为还你一个情。但她最终要报答一生一世的人，是最后那个把她掩埋的人，那个人就是她现在的丈夫。"

书生听后，豁然开朗，病也渐渐地好了。

书生之所以会病倒，是因为他不能承受这样的打击，也无法坦然地放下曾经的感情，但是前世的"因"造就今生的"果"，前世只有以衣遮身的恩情，今生也就只有短暂相恋的回报。书生放下了，也就解脱了，病自然也就好了。

适时地放开不仅是治病的良药，有时甚至还会成为救命的法宝。

从前，有一个人出门办事，他跋山涉水，好不辛苦。一次经过险峻的悬崖，一不小心掉到了深谷里去。此人眼看生命危在旦夕，双手在空中攀抓，刚好抓住崖壁上枯树的老枝，总算保住了性命，但是人悬荡在半空中，上下不得，正在进退维谷、不知如何是好的时候，忽然看到慈悲的佛陀，站立在悬崖上慈祥地看着自己，此人如见救星一般，赶快求佛陀说："佛陀！求求您大发慈悲，救我吧！"

"我救你可以，但是你要听我的话，我才有办法救你上来。"佛陀慈祥地说。

"佛陀！到了这种地步，我怎敢不听你的话呢？随你说什么？我全都听你的。"

"好吧！那么请你把攀住树枝的手放下！"

此人一听，心想，把手一放，势必掉到万丈深坑，跌得粉身碎骨，哪里还保得住性命？因此更加抓紧树枝不放，佛陀看到此人执迷不悟，只好离去。

在英雄传奇与武侠故事中，我们常常看到这样的情景：集万千宠爱于一身的主角被逼到了悬崖边上，下面是湍急的流水，身后是凶悍的追兵，主角仰天一叹，回眸一笑，纵身一跃，与飞流激湍融为一体，令众人不由得扼腕叹息。但是，似乎所有的故事都没有摆脱这样的后续：崖壁上的一棵怪松，或崖下的一斛深潭，总会像母亲温暖的手掌一样，稳稳地将其托起，备受青睐的勇士们还往往能够在这常人到达不了的奇异之地意外发现千年宝藏或旷世秘籍。

不要在该动脑子的时候 ～～～～
动感情

有所舍，才能有所收获，唯有放下，才能真提起。放得下的人，不仅要放下自己，还要放下周遭所有的一切。放下也并非完全失去自我，而是指不再有对抗之心，也不再有舍不得，要随时随地对任何事物没有丝毫的牵挂或舍不得，能如此，才谈得上自在。

所谓回头是岸，岸貌似远在天涯。天涯远不远？不远。放下的时候，天涯就在面前。敢于放下，心里真正地放下，你会感到天地原来如此广阔，你会发现你的脚步是如此轻盈平稳，你的心房是如此安稳温馨。

收获的代价就是学会放弃

一个人的精力总是有限的，然而人的欲望却是无尽的，什么都不愿意放弃的人，往往会被欲望冲昏了头脑。我们每个人都面临着很多的诱惑，不可能一切美好的事物都归自己所有。学会放弃的人，才能让自己过得更加轻松、自在。

有一个聪明的年轻人，很想在各个方面都比他身边的人强，他尤其想成为一名大学问家。可是，许多年过去了，他的其他方面都不错，学业却没有长进。他很苦恼，就去向一个大师求教。

大师说："我们登山吧，到山顶你就知道该如何做了。"

那山上有许多晶莹的小石头，煞是迷人。只要见到年轻人喜

欢的石头，大师就让他装进袋子里背着，很快他就吃不消了。

　　"大师，再背，别说到山顶了，恐怕连动也不能动了。"他疑惑地望着大师。"是呀，那该怎么办呢？"大师微微一笑，"该放下，不放下背着石头咋能登山呢？"大师笑了。

　　年轻人一愣，忽觉心中一亮，向大师道了谢，走了。之后他一心做学问，进步飞快……

　　经过大师的指点，年轻人心中顿悟，如果要把所有自己喜欢的东西悉数收入囊中，一旦遇到对自己最重要的东西，才发现自

　　不要在该动脑子的时候 ～～～～
　　～～～～ 动感情

己已经无法承载。可见，要想人生取得更大的成就，就要学会舍得放弃一些对自己来说并不重要的。

如今，职场的竞争日益激烈。大学毕业后的小林进入公司工作已经五年了。虽说已经是部门经理，但是由于新技术、新产品不断出现，他经常会感到自己的知识结构老化，力不从心。尤其是新入职的员工都已经是研究生学历了，更增加了他的危机感。所以，他也打算读在职研究生提升自己的知识层次。然而，过了半年，他发现自己总是被各种各样的事情所缠绕。工作之余，要么是有人约他出去唱歌，要么是各种各样的聚餐，再有就是出去旅游。总之，经常疲于应付这些事情，根本抽不出时间来集中精力学习。

时间一晃，又是一年过去了。小林冷静下来，认真审视了自己每天的日程安排，发现自己在无关紧要，甚至是毫无意义的事情上占用了太多的时间和精力。反倒把应该用于学习的时间给挤占了。这使小林下定决心，必须要改变现状，专心来应对学习。否则，就会一事无成。

时间是最公平的，平等地给予了每个人同样的一天、同样的24小时。然而，在同样的时间内，每个人取得的成绩差异却很大。究其原因，对事情的取舍就是其中之一。每个人都可以尝试着把自己每天的日程表列出来，再看看每天在这些事情上所投入的时间和精力，很可能会让你大吃一惊。原来，自己竟然在一些毫无意义的事情上占用了如此多的时间。如果把这些宝贵的时间分配到重要的事情上来，我们可能会取得更好的成绩。这就给了我们一个启发，要放弃一些无关紧要的事情。这里的放弃是有选择性、有目的性地放下一些事情，即所谓的舍得有方。

有舍才会有得。当你收获了价值更大、更为重要的成果时，你会明白收获的代价就是学会放弃。

无论发生了什么，都没有什么大不了的

如果一个人在 46 岁的时候，在一次很惨的意外事故中被烧得不成人形，4 年后又在一次坠机事故后腰部以下全部瘫痪，会怎么办？

接下来，我们能想象他会变成百万富翁、受人爱戴的公共演说家、扬扬得意的新郎官及成功的企业家吗？我们能想象他会去泛舟、玩跳伞、在政坛角逐一席之地吗？

但这一切，米契尔全做到了，甚至有过之而无不及。在经历了两次可怕的意外事故后，他的脸因植皮而变成一块彩色板，手指没有了，双腿如此细小，无法行动，只能瘫痪在轮椅上。

那次意外事故，把他身上六成以上的皮肤都烧坏了，为此他动了 16 次手术，手术后，他无法拿起叉子，无法拨电话，也无法一个人上厕所，但以前曾是海军陆战队员的米契尔从不认为他被打败了。他说："我完全可以掌控我自己的人生之船，那是我的

不要在该动脑子的时候 〰〰〰〰
〰〰〰〰 动感情

浮沉，我可以选择把目前的状况看成倒退或是一个起点。"6个月之后，他又能开飞机了！

米契尔为自己在科罗拉多州买了一幢维多利亚式的房子，另外也买了房子、一架飞机及一家酒吧，后来他和两个朋友合资开了一家公司，专门生产以木材为燃料的炉子，这家公司后来变成佛蒙特州第二大私企公司。

意外事故发生后4年，米契尔所开的飞机在起飞时又摔回跑道，把他胸部的12条脊椎骨全压得粉碎，从此以后腰部以下永远瘫痪！

米契尔仍不屈不挠，日夜努力使自己能达到最高限度的独立自主，他被选为科罗拉多州孤峰顶镇的镇长，以保护小镇的美景及环境，使之不因矿产的开采而遭受破坏。米契尔后来也竞选国会议员，他用一句"不只是另一张小白脸"的口号，将自己难看的脸转化成一项有利的资产。

尽管刚开始面貌骇人、行动不便，米契尔却开始泛舟，他坠入爱河且完成终身大事，他拿到了公共行政硕士学位，并持续他的飞行活动、环保运动及公共演说。

米契尔屹立不倒的正面态度，使他得以在《今天看我秀》及《早安美国》节目中露脸，同时《前进杂志》《时代周刊》《纽约时报》及其他出版物也都有米契尔的人物特写。

米契尔说："我瘫痪之前可以做1万件事，现在我只能做9 000件，我可以把注意力放在我无法再做的1 000件事上，或是把目光放在我还能做的 9 000 件事上。告诉大家，我的人生曾遭受过两次重大的挫折，而我不能把挫折拿来当成放弃努力的借口。或许你们可以用一个新的角度，来看待一些一直让你们裹足不前的经历。你可以退一步，想开一点，然后，你就有机会说：'或许那也没什么大不了的！'"

抛弃重负，让生命之舟轻扬

一个背着大包裹的忧愁者，千里迢迢跑来拜访一位德高望重的哲人，他诉苦道："先生，我非常孤独、痛苦和寂寞，长期的跋涉使我疲倦到极点，我的鞋子破了，荆棘刺破双脚，手也受伤了，流血不止；嗓子因为长久的呼喊而喑哑……为什么我还不能找到心中的阳光？"

哲人问："你的大包裹里装的是什么？"忧愁者说："它对我可重要了。里面是我每一次跌倒时的痛苦，每一次受伤后的哭泣，每一次孤寂时的烦恼……靠了它，我才能走到您这儿来。"

于是，哲人带着忧愁者来到河边，他们坐船过了河。上岸后，哲人说："你扛了船赶路吧！""什么，扛了船赶路？"忧愁者很惊讶，"它那么沉，我扛得动吗？""是的，孩子，你扛不动它。"哲人微微一笑，说："过河时，船是有用的。但过了河，我们就要放下船赶路。否则，它会变成我们的包袱。痛苦、孤

不要在该动脑子的时候
动感情

独、寂寞、灾难、眼泪，这些对人生都是有用的，它能使生命得到升华，但须臾不忘，就成了人生的包袱。放下它吧！孩子，生命不能太负重。"

忧愁者放下包袱，继续赶路，他发觉自己的步子轻松而愉悦，比以前快得多。原来，生命是可以不必如此沉重的。

人生在世，当鱼和熊掌不能兼得的时候，继续为了"兼得"而不做舍弃，这就不是智者的行为。

有只狐狸被猎人用套夹夹住了一只爪子，它毫不迟疑地咬断了那条小腿，然后逃命。放弃一条腿而保全一条性命，这是狐

狸的哲学。人生亦应如此，在生活强迫我们必须付出惨痛的代价以前，主动放弃局部利益而保全整体利益是最明智的选择。智者曰："两弊相衡取其轻，两利相权取其重。"趋利避害，这也正是放弃的实质。

人生的目的不是面面俱到，不是多多益善，而是把已经掌握的东西得心应手地去运用，它跟宝剑一样，剑刃越薄越好，重量越轻越好。

一个带着过多包袱上路的人注定不会走得快，只有卸下身上的包袱才可能走得更快，我们总是让生命承载太多的负荷，这个舍不得丢掉，那个舍不得抛弃，最终被压弯腰的是我们自己。放下虚荣，放下功利，放下金钱，为我们自己的肩膀减负。

精明者敢于放弃，聪明者乐于放弃，高明者善于放弃。人，其实天生就懂得放弃，但放弃非盲目的，而是选择放弃，重在选择，其次在于放弃，不轻言放弃。而是放弃失落带来的痛楚，放弃屈辱留下的仇恨，放弃心中所有难言的负荷，放弃耗费精力的争吵，放弃没完没了的解释，放弃对权力的角逐，放弃对金钱的贪欲，放弃对虚名的争夺——放弃的是烦恼，摆脱的是纠缠，收获的就是快乐，拥有的就是充实。

放弃是为了更好地拥有。放弃是一种超脱、一种气度，更是一种升华、一种境界。

不要在该动脑子的时候
动感情

放下是一种自由和觉悟

要想真正做到放下，不是一件容易的事情。放下是一种觉悟，更是一种自由。如果不懂得放下的艺术，我们难免会变得心胸狭隘。

两个和尚一起到山下化斋，途经一条小河，他们正要过河，忽然看见一个妇人站在河边发愣，原来妇人不知河的深浅，不敢轻易过河。年纪比较大的和尚立刻上前去，把那个妇人背过了河。两个和尚继续赶路，可是在路上，那个年纪较大的和尚一直被另一个和尚抱怨，说作为出家人，怎么背个妇人过河，甚至又说了一些不好听的话。年纪较大的和尚一直沉默着，最后他对同行的和尚说："你之所以到现在还喋喋不休，是因为你一直都没有在心中放下这件事，而我在放下妇人的同时也把这件事放下了，所以才不会像你一样烦恼。"

其实，生活中原本是有许多快乐的事，只是我们常常自生烦恼，"空添许多愁"。许多事业有成的人常常有这样的感慨：事业小有成就，心里却空空的，好像拥有很多，又好像什么都没有。总是想成功后坐豪华游轮去环游世界，尽情享受一番。但真正成功了，却没有时间和心情去了却心愿，因为还有许多事情放不下……

对此，台湾作家吴淡如说得好："好像要到某种年纪，在拥有某些东西之后，你才能够悟到，你建构的人生像一栋华美的大厦，但只有硬件，里面水管失修，配备不足，墙壁剥落，又很难找出原因来整修，除非你把整栋房子拆掉。你又舍不得拆掉。那是一生的心血，拆掉了，所有的人会不知道你是谁，你也很可能会不知道自己是谁。"仔细体会这段话，我们不就是因为"舍不得"吗？

很多时候，我们舍不得放弃已经走出了很远的路，舍不得放弃对权力与金钱的追逐……于是，我们只能用生命作为代价，透支健康与年华。但谁能算得出，在得到一些自认为珍贵的东西时，有多少和生命休戚相关的美丽像沙子一样从指掌间溜走？我们也很少去思忖：掌中所握的生命沙子的数量是有限的，一旦失去，便再也捞不回来了。

快乐是佛家所说的那种境界，"要眠即眠，要坐即坐"，如果一个人茶饭不宁、百种需求、千般计较，自然谈不上是真正的放下，又如何去感受快乐呢？

向左、向右，还是向前看

每个人自打一出生就面临着许多选择，选择自己喜欢吃的东西，选择自己喜欢穿的衣服，选择自己喜欢的玩具；到后来的选择学校、选择专业、选择对象、选择职业、选择房子……我们在选择中度过自己的每一天。每个人的人生也都是自己选择的，人

不要在该动脑子的时候 动感情

们或快乐地活着，或悲伤失望地活着，有什么样的选择就会有什么样的人生。选择是人生的第一步，只有选择之后才能为之付出努力，才能够成就自己的人生。面对选择，我们是该向左、向右，还是向前看？

人生如牌局，在打牌的过程中，人们也需要选择出牌还是不出牌、出好牌还是留好牌。选择一个就意味着放弃其他的，所以人总是需要不断地权衡。

人生的旅途中有很多十字路口，你的选择将决定你最后的方向和目的地。慎重地做好每一次选择，其效果有时甚至抵过你几年的努力。

古代有一位智者，他以有先知能力而著称于世。有一天，两个年轻男子去找他，这两个人想愚弄这位智者，于是想出了一个点子：他们中的一个在右手里藏一只雏鸟，然后问这位智者："智慧的人啊，我的右手有一只小鸟，请你告诉我这只鸟是死的还是活的？"如果这位智者说"鸟是活的"，那么拿着小鸟的人会将手一握，把小鸟弄死；如果他说"鸟是死的"，那么那一个人只需把手松开，小鸟就会振翅而飞。两个人认为他们肯定会赢，因为他们觉得问题只有这两种答案。

他们在确信自己的计划滴水不漏之后，就起程去了智者家，想跟他玩玩这个把戏。他们很快见到了智者，其中一个人提出了准备好的问题："智慧的人啊，你认为我手里的小鸟是死的还是活的？"智者看着他们，微笑起来，回答说："我告诉你，我的朋友，这只鸟是死是活完全取决于你的手。"

你的人生由你自己决定，你事业的成败也完全是由你自己决定。

一个善于打牌的人就要懂得如何坚定地抉择。当做出一个崭新、认真且坚定不移的决定时，牌局很可能在那一刻改变。有了决定就可以解决牌局中的问题；有了决定就会给牌局带来无限的机会，带来成功的希望，它是一种能把梦幻化为实际的神奇力量，是使无形转变为有形过程的催化剂。

所以，人在行进的过程中要慎重选择，知道自己需要什么、不需要什么，不要被外界的花花绿绿迷了双眼。如果不能对自己的人生做出正确的选择，就会耽误自己的一生。

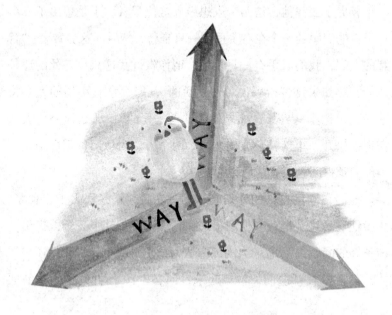

不要在该动脑子的时候 ～～～～
～～～～ 动感情

由美国励志演讲家杰克·坎菲尔和马克·汉森合作推出的《心灵鸡汤》系列读本，这些年来被翻译成数十种语言，感动、激励了无数人。可是谁能想到，在开始写作之前，马克·汉森经营的却是建筑业。

马克在建筑业经营彻底失败之后，果断地选择了放弃，他选择了彻底退出建筑业。他决定去一个截然不同的领域创业。

他很快就发现自己对公众演说有独到的领悟和热情，一段时间后，他成为具有感召力的一流演讲师。

后来，他的著作《心灵鸡汤》和《心灵鸡汤Ⅱ》都登上了《纽约时报》的畅销书排行榜，并停留数月之久。

马克放弃了建筑业，但是你不能简单地说他是个半途而废的人，他只是放弃了错误的发展方向，选择了正确的发展方向。

在人生的道路上，面对众多的十字路口，我们自己要把好这一关，鱼与熊掌不可兼得，所以要慎重选择，确定好自己的人生方向，这样才能更好地为之奋斗！

错过了，就放过

世界上只有两种可以称之为浪漫的情感，一种叫相濡以沫，另一种叫相忘于江湖。没有早一步也没有晚一步，于千万人之中，邂逅了自己的爱人，那是太难得的缘分。如果失之交臂，恐怕一生也不得轻松！

张爱玲小说《半生缘》里的曼桢和世钧，明明相爱，却因命运的捉弄使他们各奔东西，多年以后他们再次相见，痛苦万分，追悔不及，只剩遗憾。也许世间最大的悲剧莫过于两个相恋的人不能牵手一生一世，但是正因为有了遗憾，那份情义才越发显得弥足珍贵，既浸入骨髓又超然永恒。

命运太过于难测，一个小小的变数，就可以完全改变选择的方向。一个任性的转身，也许就是一辈子的错过。错过了一瞬，可能就错过了这一生。所以，在还能够拥有的时候，还能够爱的时候，一定要珍惜，一定要争取和最爱的人相濡以沫。如若不能，就请放过，因为错过的一切都如同错过的时光一样，无法找回。

人生中最令人惋惜的莫过于，因为错过了一棵树，而错过了整片森林；因为摘不到一颗星星，而放弃了整片天空。等年华不再才发现，因为错过一次，所以错过了所有。如果那个人能与你相濡以沫，一生只爱你一个人，那是人生中最大的完满。但是，如若一生只爱一个永远得不到的人，那只是一种激烈的偏执。

人的一生可以爱上很多人，等我们获得真正属于我们的幸福之后，自然会明白以前的放弃其实是一种更好的得到，没有遗憾。痛过了，才会懂得如何保护自己；傻过了，才会懂得适时地坚持与放弃。不能相濡以沫，就一定要相忘于江湖，否则，只会错过更多。

不要在该动脑子的时候
动感情

在《乱世佳人》里，斯嘉丽狂热地爱上了加西亚。每次遇到加西亚，她都恨不得把自己全部的热情都倾注到他的身上。她大胆地向加西亚表达了自己的爱慕。加西亚虽然承认斯嘉丽很吸引人，但却认为玫兰妮更适合自己。他结婚了，新娘不是她，可斯嘉丽对加西亚的爱恋依然执著，没有丝毫的减弱。因为对加西亚的爱，她漠视了白瑞德对她的爱。尽管他们结婚了，尽管白瑞德非常爱她，她却始终感觉不到幸福，一直不肯对白瑞德付出真爱。直到白瑞德最终离开她的时候，她才发现：自己最爱的人居然是白瑞德，而加西亚则是那么的无足轻重。但是，一切都已经晚了。

很多时候，我们总是自觉不自觉地把得不到的东西当成是宝贝，却把容易得到的东西当成理所当然的，不知道珍惜，一错再错，结果错过更多。

所以，二十几岁的年轻人，错过了，就一定要坚定地放过。

与不爱的人相忘于江湖，才能有机会与相爱的人相濡以沫。有的东西你再喜欢也不会属于你，有的东西你再留恋也注定要放弃，人生中有很多种爱，但别让爱成为一种伤害。

疼的总是不愿意放手的那个人

爱情，就像两个人在拉皮筋，疼的永远是后撒手的那个……二十几岁的年轻人，当爱情已经变味，当你深爱的那个人甘当爱情的叛徒，你又何必执著？他要走就让他走，一切已经无法回头，那又何必再想，何必苦苦哀求？更不要向他报复，要知道，你的幸福其实就已经是对他最大的报复。

爱情之所以是美丽的，正是因为它是自由选择的。他爱你的时候是真的爱你，他不爱你的时候也是真的不爱你。这是他的自由，这是他的选择。女人的人生，不必为他人的自由选择背负责任，你有你的自由，你有你的选择。当爱已远走，何必强留？

一个女人，静静坐在化妆台前细致地描绘自己的妆容，一个朋友风风火火地推门进来，满脸掩饰不住的惊慌：你的丈夫和别的女人私奔了。她脸色白了，拿眉笔的手一抖，眉毛有点斜了。她对着朋友挤出了一个惨然的微笑，接着画自己的眉毛。十几分钟后，她走上了舞台，精心修饰过的脸上带着一如既往的灿烂微笑。在舞台上，她和观众互动，说着轻松的笑话，她让观众十分开心。回到后台，她静静地卸下妆来，仍旧没有滴下一滴眼泪。这个女人，就是创立了羽西化妆品的靳羽西，婚变并没有击垮她的意志，反而激发了她的干劲，让她创造出无限精彩的人生。无论她走到哪里，都是笑意盈盈。

爱情不是单行道，一个人的爱情不是爱情，爱情要在两个人的共同呵护下才能绽放出美丽的花朵。如果其中一人心生去意，这朵爱情之花注定会凋谢。女人，相较男人而言，更具有无私奉献的痴情精神，更脆弱，也更容易受伤害。但爱情这个东西，是无法解释的，也难以分辨对错。在爱情破产之后，女人再恒久地期盼和等待，也只能换来更深的痛苦和寂寞。既然心已走远，弥补和挽留又有何用，还是将目光朝向未来吧，前面的路上还会有鲜花和希望，多给自己一次机会，你会发现风景这边独好。

当对方离去时，你不必一边哭泣，一边埋怨自己"他不要我，只是我不够好"，这只是一句蠢话，并非事情的症结所在。或许正是你的好，让他备感压力，从而心生去意。他觉得与你在一起不能彰显他的强大，他感到了深深地疲惫，渴望摆脱你的阴影。所以，人们之所以坚贞，往往是因为诱惑的力量不够大。

在古代，如果你没有卓文君的绝妙文笔，写不出"闻君有两意，故来相决绝"的诗句，去打动郎君的铁石心肠，就只能悲戚戚哭回娘家了。在如今这个时代，失恋并不算什么，可怕的是失恋后一蹶不振，终生潦倒。失恋的年轻人所要做的就是不动声色，继续生活。

在感情的世界里，全身而进，也要全身而退。当爱情来临，不要怀疑，全身心地投入幸福的甜蜜之中，当爱情之花凋零，决绝地抽身离去。别去恨他，因为恨也是一种变相的爱，证明你还留恋曾经的美好，你心中还残存着一丝纠结。恨也需要力气，对于一段无可挽回的往事，何必再耗费你的力气呢？不如潇洒地和过去挥挥手，道声别，向着前方的阳光走去……

不要在该动脑子的时候 ~~~~~
~~~~~ 动感情

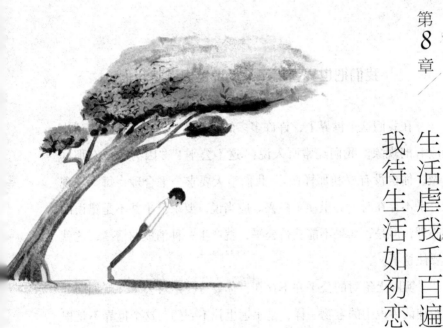

第 8 章

生活虐我千百遍，
我待生活如初恋

我们把世界看错了，反说世界欺骗我们

在我们这个世界上，许许多多的人都认为公平合理是生活中应有的现象。我们经常听人说："这不公平！""因为我没有那样做，你也没有权利那样做。"我们整天要求公平合理，每当发现公平不存在时，心里便不高兴。应当说，要求公平并不是错误的心理，但是，如果不能获得公平，就产生一种消极的情绪，这就要注意了。

实际上绝对的公平并不存在，你要寻找绝对公平，就如同寻找神话传说中的宝物一样，是永远也找不到的。这个世界不是根据公平的原则而创造的，譬如，鸟吃虫子，对虫子来说是不公平的；蜘蛛吃苍蝇，对苍蝇来说是不公平的；豹吃狼、狼吃獾、獾吃鼠、鼠又吃……只要看看大自然就可以明白，这个世界并没有公平。飓风、海啸、地震等都是不公平的，公平只是神话中的概

不要在该动脑子的时候 ～～～～～
～～～～～ 动感情

念。人们每天都过着不公平的生活，快乐或不快乐，是与公平无关的。

这并不是人类的悲哀，只是一种真实情况。

生活不总是公平的，这着实让人不愉快，但却是我们不得不接受的现实。我们许多人所犯的一个错误便是为自己或他人感到遗憾，认为生活应该是公平的，或者终有一天会公平。其实不然，绝对的公平现在不会有，将来也不会有。

承认生活中充满着不公平这一事实的一个好处便是激励我们去尽己所能，而不再自我伤感。我们知道让每件事情完美并不是"生活的使命"，而是我们自己对生活的挑战，承认这一事实也会让我们不再为他人遗憾。

每个人在成长、面对现实、做种种决定的过程中都会遇到不同的难题，每个人都有成为牺牲品或遭到不公正对待的时候，承认生活并不总是公平这一事实，并不意味着我们不必尽己所能去改善生活，去改变整个世界；恰恰相反，它正表明我们应该这样做。

　　当我们没有意识到或不承认生活并不公平时，我们往往怜悯他人也怜悯自己，而怜悯自然是一种于事无补的失败主义的情绪，它只能令人感觉比现在更糟。但当我们真正意识到生活并不公平时，我们会对他人也对自己怀有同情，而同情是一种由衷的情感，所到之处都会散发出充满爱意的仁慈。当你发现自己在思考世界上的种种不公正时，可要提醒自己这一基本的事实。你或许会惊奇地发现它会将你从自我怜悯中拉出来，使你采取一些具有积极意义的行动。

　　公平公正能够向往，但不能依赖和强求，不要把堕落的责任推诸于他人，更不能自欺欺人！许多不公平的经历我们是无法逃避的，也是无从选择的，我们只能接受已经存在的事实并进行自我调整，抗拒不但会毁了自己的生活，而且还会使自己精神崩溃。因此，人在无法改变不公和不幸的厄运时，只有学会接受它、适应它才能把人生航向调转过来，才能驶往自己真正的理想目的地。

不要在该动脑子的时候
动感情

生命的百孔千疮，是残忍的慈悲

"金无足赤，人无完人。"即使是全世界最出色的足球选手，10次传球，也有4次失误；最棒的股票投资专家，也有马失前蹄的时候。我们每个人都不是完人，都有可能存在这样或那样的过失，谁能保证自己的一生不犯错误呢？也许只是程度不同罢了。如果你不断追求完美，对自己做错或没有达到完美标准的事深深自责，那么一辈子都会背着罪恶感生活。

过分苛求完美的人常常伴随着莫大的焦虑、沮丧和压抑。事情刚开始，他们就担心失败，生怕干得不够漂亮而不安，这就妨碍了他们全力以赴地去取得成功。而一旦遭遇失败，他们就会异常灰心，想尽快从失败的境遇中逃离。他们没有从失败中获取任何教训，而只是想方设法让自己避免尴尬的场面。

很显然，背负着如此沉重的精神包袱，不用说在事业上谋求成功，在自尊心、家庭问题、人际关系等方面，也不可能取得满意的效果。他们抱着一种不正确和不合逻辑的态度对待生活和工作，他们永远无法让自己感到满足。

日本有一名僧人叫奕堂，他曾在香积寺风外和尚处担任典座一职（即负责斋堂）。有一天，寺里有法事，由于情况特殊必须提早进食。乱了手脚的奕堂匆匆忙忙地把白萝卜、胡萝卜、青菜随便洗一洗，切成大块就放到锅里去煮。他没有想到青菜里居然有条小蛇，就把煮好的菜盛到碗里直接端出来给客人吃。

客人一点儿也没发觉。当法事结束，客人回去后，风外把奕堂叫去，风外用筷子把碗中的东西挑起来问他：

"这是什么？"奕堂仔细一看，原来是蛇头。他心想这下完了，不过还是若无其事地回答："那是个胡萝卜的蒂头。"奕堂说完就把蛇头拿过来，咕噜一声吞下去了。风外对此佩服不已。

智者即是如此，犯了错误，他不会一味地自责、内疚或寻找借口，而是采取适度的方式正确地对待。

张爱玲在她的小说《红玫瑰与白玫瑰》中写了男主角佟振保的爱恋，同时也一针见血地道破了男人的心理以及完美之梦的破灭：白玫瑰有如圣洁的恋人，红玫瑰则是热烈的情人。娶了白玫瑰，久而久之，变成了胸口的一粒白米饭，而红玫瑰则有如胸口的瘢痣；娶了红玫瑰，年复一年，则变成蚊帐上的一抹蚊子血，而白玫瑰则仿佛是床前明月光。

事实上，世界上根本就没有真正的"最大、最美"，人们要学会不对自己、他人苛求完美，对自己宽容一些，否则会浪费掉许许多多的时间和精力，最终只能在光阴蹉跎中悔恨。

世界并不完美，人生当有不足。对于每个人来讲，不完美的生活是客观存在的，无须怨天尤人。不要再继续偏执了，给自己的心留一条退路，不要因为不完美而恨自己，不要因为自己的一时之错而埋怨自己。看看身边的朋友，他们没有一个是十全十美的。

完美往往只会成为人生的负担，人绷紧了完美的弦，它却可能发不出优美的声音来。那些爱自己、宽容自己的人，才是生活的智者。

人生有多残酷，你就该有多坚强

成就平平的人往往是善于发现困难的"天才"，他们善于在每一项任务中都看到困难。他们莫名其妙地担心前进路上的困难，这使他们勇气尽失。他们对于困难似乎有惊人的"预见"能力。一旦开始行动，他们就开始寻找困难，时时刻刻等待着困难的出现。当然，最终他们发现了困难，并且被困难击败。这些人似乎戴着一副有色眼镜，除了困难，他们什么也看不见。他们前进的路上总是充满了"如果""但是""或者"和"不能"。这些东西足以使他们止步不前。

一个向困难屈服的人必定会一事无成，很多人不明白这一点。一个人的成就与他战胜困难的能力成正比。他战胜越多别人所不能战胜的困难，他取得的成就也就越大。如果你足够强大，那么困难和障碍会显得微不足道；如果你很弱小，那么障碍和困难就显得难以克服。有的人虽然知道自己要追求什么，却畏惧成功道路上的困难。他们常常把一个小小的困难想象得比登天还难，一味地悲观叹息，直到失去了克服困难的机会。那些因为一点点困难就止步不前的人，与没有任何志向、抱负的庸人无异，他们终将一事无成。

成就大业的人，面对困难时从不犹豫徘徊，从不怀疑自己克服困难的能力，他们总是能紧紧抓住自己的目标。对他们来说，自己的目标是伟大而令人兴奋的，他们会向着自己的目标坚持不懈地攀登，而暂时的困难对他们来说则微不足道。伟人只关心一个问题："这件事情可以完成吗？"而不管他将遇到多少困难。只要事情是可能的，所有的困难就都可以克服。

我们随处可见自己给自己制造障碍的人。在每一个学校或公司董事会中或多或少地都有这样的人。他们总是善于夸大困难，小题大做。如果一切事情都依靠这种人，结果就会一事无成。如果听从这些人的建议，那么一切造福这个世界的伟大创造和成就都不会存在。

一个会取得成功的人也会看到困难，却从不惧怕困难，因为他相信自己能战胜这些困难，他相信一往无前的勇气能扫除这些障碍。有了决心和信心，这些困难又算得了什么呢？对拿破仑来说，阿尔卑斯山算不了什么。并非阿尔卑斯山不可怕，冬天的阿尔卑斯山几乎是不可翻越的，但拿破仑觉得自己比阿尔卑斯山更强大。

虽然在法国将军们的眼里，翻越阿尔卑斯山太困难了，但是他们那伟大领袖的目光却早已越过了阿尔卑斯山上的终年积雪，看到了山那边碧绿的平原。

不要在该动脑子的时候
动感情

乐观地面对困难，多一些快乐，少一些烦恼，你会惊奇地发现，这不仅会使你的工作充满乐趣，还会让你获得幸福。你会发现，自己成了一个更优秀、更完美的人。你用充满阳光的心灵轻松地去面对困难，就能保持自己心灵的和谐。而有的人却因为这些困难而痛苦，失去了心灵的和谐。

　　你怎样看待周围的事物完全取决于你自己的态度。每一个人的心中都有乐观向上的力量，它使你在黑暗中看到光明，在痛苦中看到快乐。每一个人都有一个水晶镜片，可以把昏暗的光线变成七色彩虹。

　　夏洛特·吉尔曼在他的《一块绊脚石》中描述了一个登山的行者，突然有一块巨大的石头出现在他的面前，挡住了他的去路。

他悲观失望，祈求这块巨石赶快离开。但它一动不动。他愤怒了，大声咒骂，他跪下来祈求它让路，它仍旧纹丝不动。行者无助地坐在这块石头前，突然间他鼓起了勇气，最终解决了困难。用他自己的话说："我摘下帽子，拿起我的手杖，卸下我沉重的负担，我径直向着那可恶的石头冲过去，不经意间，我就翻了过去，好像它根本不存在一样。如果我们下定决心，直面困难，而不是畏缩不前，那么，大部分的困难就根本不算什么困难。"

生命中的痛苦是盐，它的咸淡取决于盛它的容器

从前有座山，山里有座庙，庙里有个年轻的小和尚，他过得很不快乐，整天为了一些鸡毛蒜皮的小事唉声叹气。后来，他对师父说："师父啊！我总是烦恼，爱生气，请您开示一下我吧！"

老和尚说："你先去集市买一袋盐。"

小和尚买回来后，老和尚吩咐道："你抓一把盐放入一杯水中，待盐溶化后，喝上一口。"小和尚喝完后，老和尚问："味道如何？"

小和尚皱着眉头答道："又咸又苦。"

然后，老和尚又带着小和尚来到湖边，吩咐道："你把剩下的盐撒进湖里，再尝尝湖水。"弟子撒完盐，弯腰捧起湖水尝了尝，老和尚问道："什么味道？"

不要在该动脑子的时候
动感情

"纯净甜美。"小和尚答道。

"尝到咸味了吗？"老和尚又问。

"没有。"小和尚答道。

老和尚点了点头，微笑着对小和尚说道："生命中的痛苦就像盐的咸味，我们所能感受和体验的程度，取决于我们将它放在多大的容器里。"小和尚若有所悟。

老和尚所说的容器，其实就是我们的心量，它的"容量"决定了痛苦的浓淡，心量越大烦恼越轻，心量越小烦恼越重。心量小的人，容不得，忍不得，受不得，装不下大格局。有成就的人，往往也是心量宽广的人，看那些"心包太虚，量周沙界"的古圣大德，都为人类留下了丰富而宝贵的物质财富和精神财富。

其实，我们每个人一生中总会遇到许多盐粒似的痛苦，它们在苍白的心境下泛着清冷的白光，如果你的容器有限，就和不快乐的小和尚一样，只能尝到又咸又苦的盐水。

一个人的心量有多大，他的成就就有多大，不为一己之利去争、去斗、去夺，扫除报复之心和嫉妒之念，则心胸广阔天地宽。当你能把虚空宇宙都包容在心中时，你的心量自然就能如同天空一样广大。无论荣辱悲喜、成败冷暖，只要心量放大，自然能做到风雨不惊。

寒山曾问拾得："世间有人谤我、欺我、辱我、笑我、轻我、贱我、骗我，如何处之？"拾得答道："只要忍他、让他、避他、由他、耐他、敬他、不理他，再过几年，你且看他。"如果说生命中的痛苦是无法自控的，那么我们唯有拓宽自己的心量，才能获得人生的愉悦。通过内心的调整去适应、去承受必须经历的苦难，从苦涩中体味心量是否足够宽广，从忍耐中感悟暗夜中的成长。

心量是一个可开合的容器，当我们只顾自己的私欲，它就会愈缩愈小；当我们能站在别人的立场上考虑，它又会渐渐舒展开来。若事事斤斤计较，便把自心局限在一个很小的框框里。这种处世心态，既轻薄了自身的能力，又轻薄了自己的品格。

心量是大还是小，在于自己愿不愿意敞开。一念之差，心的格局便不一样，它可以大如宇宙，也可以小如微尘。我们的心，要和海一样，任何大江小溪都要容纳；要和云一样，任何天涯海角都愿遨游；要和山一样，任何飞禽走兽，都不排斥；要和土地一样，任何脚印车轨，都能承担。这样，我们才不会因一些小事而心绪不宁、烦躁苦闷！

把心打开吧，用更宽阔的心量来经营未来，你将拥有一个别样的人生！

心不怨恨则宽容，心存善良则美好

我们常常在自己的脑子里预设一些规定，以为别人应该有什么样的行为，如果对方违反规定就会引起我们的怨恨。其实，因为别人对"我们"的规定置之不理就感到怨恨，是一件十分可笑

不要在该动脑子的时候
动感情

的事。大多数人都一直以为，只要我们不原谅对方，就可以让对方得到一些教训，也就是说，只要我不原谅你，你就没有好日子过。而实际上，不原谅别人，表面上是那人不好，其实伤害的却是我们自己，生一肚子窝囊气不说，甚至连觉都睡不好。这样看来，报复不仅让我们不能实现对别人的打击，反倒对自己的内心是一种摧残。

有一位好莱坞的女演员，失恋后，怨恨和报复心使她的面容变得僵硬而多皱，她去找一位非常有名的美容师为她美容。这位美容师深知她的心理状态，中肯地告诉她："你如果不消除心中的怨和恨，对他人多一点儿包容，我敢说全世界任何美容师也无法美化你的容貌。"

对待自己的最好方式唯有宽容，宽容能抚慰你暴躁的心绪，弥补不幸对你的伤害，让你不再纠缠于心灵毒蛇的咬噬，从而获得自由。

生活中，我们难免与别人产生误会、摩擦。如有的伤了自己的面子，有的让自己下不了台，有的当众给了自己难堪，有的对自己有成见，等等。如果不注意，仇恨在心底悄悄滋长，你的心灵就会背负上报复的重负而无法获得自由。

乔治·赫伯特说："不能宽容的人损坏了他自己必须去过的桥。"这句话的智慧在于，宽容使给予者和接受者都受益。当真正的宽容产生时，没有疮疤留下，没有伤害，没有复仇的念头，只有愈合。宽容是一种医治的力量，不仅能医治被宽容者的缺陷，还可以挖掘出宽容者身上的伟大之处，正如美国作家哈伯德所说："宽容和受宽容的难以言喻的快乐，是连神明都会为之羡慕的极大乐事。"

1944 年冬天，苏军已经把德军赶出了国门，上百万的德国兵被俘虏。一天，一队德国战俘从莫斯科大街上穿过，所有的马路上都挤满了人。她们每一个人，都和德国人有着一笔血债。

妇女们怀着满腔仇恨，当俘虏出现时，她们把手攥成了拳头。士兵和警察们竭尽全力阻挡着她们，生怕她们控制不住自己。

这时，令人意想不到的事情发生了：一位上了年纪的犹太妇女，从怀里掏出一个用印花布方巾包裹的东西。里面是一块黑面包，她不好意思地把它塞到一个疲惫不堪的、几乎站不住的俘虏的衣袋里。

她转过身对那些充满仇恨的同胞们说："当这些人手持武器出现在战场上时，他们是敌人。可当他们解除了武装出现在街道上时，他们是跟所有别的人，跟'我们'和'自己'一样的人。"

于是，整个气氛改变了。妇女们从四面八方一齐拥向俘虏，把面包、香烟等各种东西塞给这些战俘。

不要在该动脑子的时候
动感情

仇恨是带有毁灭性的情感，只会激化矛盾，酿成大祸。宽容的心却能轻易将恨意化解，让紧张的气氛化成脉脉温情。能将宽容之心给予敌人，已经可以称得上圣洁了，即便只是一个贫苦的犹太老妇人，也完全担得起"伟大"两个字。

人生总有存在的意义，如果只为一个仇恨的目的而生存，那么仇恨会毁掉你的心智、迷惑你的眼睛、吞噬你的心灵。报复是一把双刃剑，它不但会伤害到别人，还会使你自己落入恨的陷阱，恨会使你看不到人间的关爱与温暖，即使在夏日也只能感受到严冬般的寒冷。

既然我们都举目共望同样的星空，既然我们都是同一星球的旅伴，既然我们都生活在同一片蓝天下，那我们为什么还总是彼此为敌呢？请不要忘记世间唯有两个字可使你和他人的生活多姿多彩，那就是宽容。

如果抱怨能让你抱出金砖来，你就一抱再抱

在现实中，我们难免要遭遇挫折与不公正的待遇，每当这时，有些人往往会产生不满，不满通常会引起牢骚，希望以此引起更多人的同情，吸引别人的注意。从心理角度讲，这是一种正常的心理自卫行为。但这种自卫行为同时也是许多人心中的痛，牢骚、抱怨会削弱责任心，降低工作积极性，这几乎是所有人为

之担心的问题。

通往成功的征途不可能一帆风顺，遭遇困难是常有的事。事业的低谷、种种的不如意让你仿佛置身于荒无人烟的沙漠，没有食物也没有水。这种漫长的、连绵不断的挫折往往比那些虽巨大但却可以速战速决的困难更难战胜。在面对这些挫折时，许多人不是积极地去找方法化险为夷，绝处逢生，而是一味地急躁，抱怨命运的不公平，抱怨生活给予他的太少，抱怨时运不佳。

奎尔是一家汽车修理厂的修理工，从进厂的第一天起，他就开始喋喋不休地抱怨，"修理这活儿太脏了，瞧瞧我身上弄的"，"真累呀，我简直讨厌死这份工作了"……每天，奎尔都在抱怨和不满的情绪中度过。他认为自己在受煎熬，就像奴隶一样卖苦力。因此，奎尔每时每刻都窥视着师傅的眼神与行动，稍有空隙，他便偷懒耍滑，应付手中的工作。

转眼几年过去了，当时与奎尔一同进厂的三个工友，各自凭着精湛的手艺，或另谋高就，或被公司送进大学进修，独有奎尔，仍旧在抱怨声中做他讨厌的修理工。

提及抱怨与责任，有位企业领导者一针见血地指出："抱怨是失败的一个借口，是逃避责任的理由。这样的人没有胸怀，很难担当大任。"仔细观察任何一个管理健全的机构，你会发现，没有人会因为喋喋不休的抱怨而获得奖励和提升。这是再自然不过的事了。想象一下，船上的水手如果总不停地抱怨：这艘船

不要在该动脑子的时候
动感情

怎么这么破，船上的环境太差了，食物简直难以下咽，以及有一个多么愚蠢的船长。这时，你认为，这名水手的责任心会有多大？对工作会尽职尽责吗？假如你是船长，你是否敢让他做重要的工作？

如果你受雇于某个公司，发誓对工作竭尽全力、主动负责吧！只要你依然还是集体中的一员，就不要谴责它，不要伤害它，否则你只会诋毁你的公司，同时也断送了自己的前程。如果你对公司、对工作有满腹的牢骚无从宣泄时，做个选择吧。一是选择离开，到公司的门外去宣泄，当你选择留在这里的时候，就应该做到在其位谋其政，全身心地投入公司的工作上来，为更好地完成工作而努力。记住，这是你的责任。

一个人的发展往往会受到很多因素的影响，这些因素有很多是自己无法把握的，工作不被认同、才能不被重用、职业发展受挫、上司待人不公平、别人总用有色眼镜看自己……这时，能够拯救自己出泥潭的只有自己，与其抱怨不如改变。

比尔·盖茨曾告诫初入社会的年轻人：社会是不公平的，这种不公平遍布于个人发展的每一个阶段。在这一现实面前任何急躁、抱怨都没有益处，只有坦然地接受这一现实并努力去寻求改变的方法，才能改变这种不公平，使自己的事业有进一步发展的可能。

粪便是最好的肥料

粪便是脏臭的，如果你把它一直储在粪池里，它就会一直臭下去。但是一旦它遇到土地，情况就不一样了。它和深厚的土地结合，就成了有益的肥料。

有一个人，做过农民，做过木匠，干过泥瓦工，收过破烂儿，卖过煤球，在感情上受到过欺骗，还打过一场 3 年之久的麻烦官司。他独自闯荡在一个又一个的城市里，做着各种各样的活儿，居无定所，四处飘荡，经济上也没有任何保障。看起来仍然像一个农民，但是他与乡村里的农民不同的是，他虽然也日出而作，但是不日落而息——他热爱文学，写下了许多诗歌。每每读到他的诗歌，都让人觉得感动，同时惊奇。

"你这么复杂的经历怎么会写出这么柔情的作品呢？"他的朋友曾经问他，"有时候我读你的作品总有一种感觉，觉得只有初恋的人才能写得出。"

"那你认为我该写出什么样的作品呢？"他笑。

"起码应该比这些作品沉重和黯淡些。"

他笑了，说："我是在农村长大的，农村家家都储粪。小时候，每当碰到别人往地里送粪时，我都会掩鼻而过。那时我觉得很奇怪，这么臭这么脏的东西，怎么就能使庄稼长得更壮实呢？后来，经历了这么多事，我发现自己并没有学坏，也没有堕落，

不要在该动脑子的时候
动感情

就完全明白了粪和庄稼的关系。"

朋友一时没有理解。

他继续说："粪便是脏臭的，如果你把它一直储在粪池里，它就会一直臭下去。但是一旦它遇到土地，情况就不一样了。它和深厚的土地结合，就成了有益的肥料。对于一个人，苦难也就好比粪便。如果把苦难与你精神世界里最广阔的那片土地相结合，它就会成为一种宝贵的营养，让你在苦难中体会到特别的甘甜和美好。"

这个智慧的人，是对的。土地转化了粪便的性质，他的心灵转化了苦难的意义。在这转化中，每一道沟坎都成了他唇间的洌酒，每一道沟坎都成了他诗句的花瓣。他让苦难芬芳，他让苦难醉透。能够这样生活的人，多么让人钦羡。

吹尽黄沙始见金。生活中，我们要坦然面对苦难，默默地承受苦难，从苦难的积淀中捞出勇气、智慧、韧性，捞出成功的结晶和幸福的喜悦。

只有经过苦难的磨炼，生命才会闪光发亮；只有在苦难

中奋进，生命的花朵才会灿烂芬芳。可是在今天这个讲究包装的社会里，我们却常禁不住艳羡别人光鲜华丽的外表、显赫的名声、傲人的财富，而对自己的欠缺耿耿于怀。

把眼泪留给最疼你的人，微笑留给伤你最深的人

一个成功的人，一个有眼光和思想的人，都会感谢折磨自己的人和事，唯有以这种态度面对人生，才能走向成功。

人生活在这个世界上，总会经历这样那样的烦心事，这些事总是会折磨人的心，使人不得安稳。尤其对于刚刚大学毕业的年轻人，他们刚在社会中立足，还未完全成长起来，却要承受社会的种种压力，比如待业、失恋、职场压力等。而且还没有脱掉学生气的他们本身就是一个脆弱的群体，往往在这些折磨面前束手无策。

其实，世间的事就是这样，如果你改变不了世界，那就要改变你自己。换一种眼光去看世界，你会发现所有的"折磨"其实都是促进你成长的"清新氧气"。

人们往往把外界的折磨看作人生中消极的、应该完全否定的东西。当然，外界的折磨不同于主动的冒险，冒险可以带来一种挑战的快感，而我们忍受折磨总是迫不得已的。但是，人生中的折磨总是完全消极的吗？清代金兰生在《格言联璧》中写道："经

不要在该动脑子的时候 动感情

一番挫折，长一番见识；容一番横逆，增一番气度。"由此可见，那些挫折和折磨对人生不但不是消极的，还是一种促进你成长的积极因素。

生命是一次次的蜕变过程。唯有经历各种各样的折磨，才能增加生命的厚度。只有通过一次又一次与各种折磨握手，历经反反复复几个回合的较量之后，人生的阅历就在这个过程中日积月累、不断丰富。

在人生的岔道口，若我们选择了一条平坦的大道，我们可能会有一个舒适而享乐的青春，但我们会失去很好的历练机会；若我们选择了坎坷的小路，我们的青春也许会充满痛苦，但人生的真谛也许因此被我们发现了。

蝴蝶的幼虫是在茧中度过的，当它的生命要发生质的飞跃时，狭小通道对它来讲无疑成了鬼门关，那娇嫩的身躯必须竭尽全力才可以破茧而出，许多幼虫在往外冲的时候力竭身亡。

有人怀了悲悯恻隐之心，企图将那幼虫的生命通道修得宽阔一些，他们用剪刀把茧的洞口剪大。但是，这样一来，所有受到帮助而见到天日的蝴蝶无论如何也飞不起来，只能拖着丧失了飞翔功能的双翅在地上笨拙地爬行！原来，那"鬼门关"般的狭小茧洞恰是帮助蝴蝶幼虫两翼成长的关键所在，穿越的时候，通过用力挤压，血液才能被顺利输送到蝶翼的组织中去；唯有两翼充血，蝴蝶才能展翅飞翔。人为地将茧洞剪大，蝴蝶的翼翅就没有充血的机会，爬出来的蝴蝶便永远与飞翔绝缘。

一个人的成长过程恰似蝴蝶的破茧过程，在痛苦的挣扎中，意志得到磨炼，力量得到加强，心智得到提高，生命在痛苦中得到升华。当你从痛苦中走出来时，就会发现，你已经拥有了飞翔的力量。如果没有挫折，也许就会像那些受到"帮助"的蝴蝶一样，萎缩了双翼，从而平庸一生。

失败和挫折，其实并不可怕，正是它们才教会我们如何寻找到经验与教训。如果一路都是坦途，那我们也只能沦为平庸。

没有经历过风霜雨雪的花朵，无论如何也结不出丰硕的果实。或许我们习惯羡慕他人所获得的成功，但是别忘了，温室的花朵注定经不起风霜的考验。正所谓"台上十分钟，台下十年功"，在光荣的背后一定会有汗水与泪水共同浇铸的艰辛。

所以，一个成功的人，一个有眼光和思想的人，都会感谢折磨自己的人和事，唯有以这种态度面对人生，才能走向成功。

一生气，你就输了

纵使人生中有再多的磨难和考验，我们也不能像一个被充胀了的气球一样，"嘭"的一声，就剩下"粉身碎骨"。

气球越是鼓足了气，就越容易爆炸，人也是一样，心里存有太多气，不仅伤心也会伤身。莎士比亚说："不要因为你的敌人燃起一把火，你就把自己烧死。"所以，当我们意识到自己的情绪

不要在该动脑子的时候
动感情

波动的时候，就应该努力用理智去控制，而不要让自己的情绪随意地发泄出来。

但是，现实生活中，能够以自己的理智控制情绪的人并不多。通常情况下，我们都是在情绪的左右下生活。有时候，很多事情堆积在一起，就会让我们很生气，甚至到了理智根本无法控制的地步。这个时候，我们不妨给自己找一个"出气口"，让自己的精神得到缓解，也就不会那么生气了。

古时有一个妇人，特别喜欢为一些琐碎的小事生气。她也知道自己这样不好，便去求一位高僧为自己谈禅说道，开阔心胸。

高僧听了她的讲述，一言不发地把她领到一个禅房中，落锁而去。妇人气得跳脚大骂。骂了许久，高僧也不理会。妇人又开始哀求，高僧仍置若罔闻。妇人终于沉默了。高僧来到门外，问她："你还生气吗？"妇人说："我只为我自己生气，我怎么会到这地方来受这份罪。""连自己都不原谅的人怎么能心如止水？"高僧拂袖而去。过了一会儿，高僧又问她："还生气吗？""不生气了。"妇人说。"为什么？""气也没有办法呀。""你的气并未消逝，还压在心里，爆发后将会更加剧烈。"高僧又离开了。高僧第三次来到门前，妇人告诉他："我不生气了，因为不值得气。""还知道值不值得，可见心中还有衡量，还是有气根。"高僧笑道。

当高僧的身影迎着夕阳立在门外时，妇人问高僧："大师，什么是气？"

高僧将手中的茶水倾洒于地。妇人视之良久，顿悟。叩谢而去。

何苦要气？何苦要拿别人的错误来惩罚自己？人生短短几十年，幸福和快乐尚且享受不尽，哪里还有时间去气呢？所以，我们应该学会消气，学会控制自己的情绪。在生活中，遇到烦心事在所难免，此时，内心的郁闷、愤怒总想找个地方发泄一下，不然会感到心里憋得慌。找朋友或同学诉说自然是个好方法，但有时有些话不能对别人说，同时怒气也不能往别人身上撒。那怎么办呢？

网球巨星桑普拉斯一次在争夺大满贯杯冠军比赛时，与对手陷入苦战，不料中场休息时，他却在众目睽睽下，手抱浴巾，失声痛哭，原来当年他的启蒙教练兼好友因病亡故，心情已受影响，现在又在比赛中承受如此巨大的压力，因而百感交集地哭

不要在该动脑子的时候 ～～～～
～～～～ 动感情

泣。有人可能会觉得怎么一个大男人竟会在这种公共场合落泪，然而桑普拉斯之所以能称霸网坛，除了他的球技外，在情绪及心理的反应上都高人一等，因此他能每每在紧要关头化险为夷，赢得胜利，包括那场比赛。

每个人都有不同的发泄方式，所以选择哭泣也不是什么丢脸的行为。只要我们没有做过伤害别人的事情，没有把别人当成自己的"出气筒"，那么即使满脸泪水又何妨？

不要为旧的悲伤，浪费新的眼泪

为了采集眼前将逝的花朵而花费太多的时间和精力是不值得的，道路还长，前面还有更多的花朵，吸引我们一路走下去……

我们生活在现在，面向着未来，过去的一切，都被时间之水冲得一去不复返。所以，我们没有必要念念不忘曾经的那些不愉快、那些与别人的仇怨。念念不忘，只能被它腐蚀，而变得更加憎恨和怨怼。

文学大师鲁迅笔下的祥林嫂，心爱的儿子被狼叼走后，痛苦得心如刀剜，她逢人就诉说自己儿子的不幸。起初，人们对她还寄予同情。但她一而再、再而三地讲，周围的人们就开始厌烦，她自己也更加痛苦，以致麻木了。老是向别人反复讲述自己的痛苦，就会使自己久久不能忘记这些痛苦，更长久地受到痛苦的折磨。

当然，我们不是主张采取逃避的态度。而是说，一方面，情感不要长久地停留在痛苦的事情上；另一方面，我们的理智应当多在挫折和坎坷上寻找突破口，力争克服它、解决它。

　　学会忘记可以使我们真正放下心中的烦恼和不平衡的情绪。让我们在失意之余，有机会喘一口气，恢复体力。

　　哲人康德是一位懂得忘怀之道的人，当有一天发现他最信赖又依靠的仆人兰佩，一直有计划地偷盗他的财物时，便把他辞退了。但康德又十分怀念他。于是，他在日记上写下悲伤的一行："记住！要忘掉兰佩！"

　　真正说来，一个人并不那么容易忘掉伤心的往事。不过，当它浮现时，我们必须懂得不陷于悲伤的情绪，必须提防自己再度陷入愤恨、恐惧和无助的哀愁里。这时，最好的方法就是专心工作，计划未来，或者去运动、旅行。有一首禅诗说：

　　春有百花秋有月，夏有凉风冬有雪。
　　若无闲事挂心头，便是人间好时节。

　　一个人如果学习了忘怀之道，不愉快便自然消失，代之的是朝气蓬勃的新生，成功将发出耀眼的光辉。有许多事情，遗忘是一种解脱，是心灵的净化，是伤口痊愈的良药。

　　一位风烛残年的老人在日记簿上记下了这段对生命的醒悟：

　　"如果我可以从头活一次，我要尝试更多的错误。我不会总朝后看，而不看未来的路。我情愿多休息，随遇而安，处事糊涂

　　不要在该动脑子的时候 ～～～～～
　　　　～～～～～ 动感情

一点，不对已经发生的事难过或者伤悲。其实人生那么短暂，实在不值得花时间不停地缅怀过去。

"如果可以的话，我会朝未来的道路前行，去自己没去过的地方，多旅行，跋山涉水，危险的地方也不妨去一去。以前我经常因为已经发生的些许小事情而懊恼，比如因为丢了东西而深深责备自己，一遍一遍假设要是把东西事先交给××就好了，然后很长时间都在为丢失的东西心疼。此刻我是多么地后悔。过去的日子，我实在活得太小心，每一分每一秒都不容有失。稍微有了过失就埋怨和批评自己，还用同样的标准去对待别人，一遍一遍叨唠别人不对的地方。

"如果一切可以重新开始，我不会过分在意宠辱得失，我也不会花很长的时间来诅咒那些伤害过我的人。诅咒或者伤悲都不会改变事实，还消磨了我生命中不多的时间。我会用心享受每一分、每一秒。如果可以重来，我只想美好的事情，用这个身体好好地感受世界的美丽与和谐。还有，我会去游乐园多玩几圈木马，多看几次日出，和公园里的小朋友玩耍。

"如果人生可以从头开始……但我知道，不可能了。"

人生没有很多如果，人的生命和时间总是有限的，当你看完老人的日记以后也许就能明白为什么很多老人总是会有一副安详的表情，不急不躁，不过喜也不大悲，因为他们懂得时间的宝贵，把珍贵的时间用来感伤过去，那是在浪费生命。忘记过去，生命应该有更好的价值可以实现。

让自己幸福，是最好的"报复"

近年来，演艺圈内屡屡爆出某某歌手、某某影星为情自杀，于是很多人在听到这些消息后纷纷感慨：看来感情还是不沾为好。

可是，不管别人的感情给了我们怎样的启示，我们因其他人的恋爱悲剧怎样欷歔感叹，当我们走进感情的世界，也可能会变得不够理智，从别人那里学到的经验和技巧，一时间都不能发挥出理想的作用。所以，尽管在爱情的世界里发生的故事有着很大的雷同性，可是每个人都能从中得到不一样的体会，并且对那些体会乐此不疲。

有句话说："给你一点阳光，你就春光灿烂；给你一个微笑，你就感情泛滥。"这就好比经济学中的"乘法效应"。两个深陷爱河里的人，眼睛里看到的都是"爱"。对方给予一个笑脸，是对自己的肯定；给予一种忧伤，也会认为是在为能否给自己幸福而担忧吧。只要一牵手，就能想到一辈子：结婚，生孩子，白头偕老。唱着周惠的《约定》，憧憬着《最浪漫的事》，也许两个人幸福的瞬间，就是在走不动的时候还能彼此相扶吧。

《诗经》有云：

彼采葛兮，一日不见，如三月兮。

彼采萧兮，一日不见，如三秋兮。

彼采艾兮，一日不见，如三岁兮。

这段文字的意思是：那采葛的人啊，一天看不到，就如同三个月看不见；那采萧的人啊，一天看不到，如同隔了三个秋天；那采艾的人啊，一天看不见，如同隔了三年。诗中描述了一个男子对恋人的牵挂，以致一天见不到，就好像丢了自己的魂魄一样，时时刻刻都受着煎熬。这种写作手法虽然夸张，但是却形象生动地体现出了情人之间那种一刻也不愿分离的心态。直到今天，很多恋人仍然拿"一日不见，如隔三秋"来表现自己对对方的思念。这种"乘法效应"，充满了甜蜜，也充满了幸福的感情。

经历过爱情的人，都想沉浸在幸福里。哪怕只是一场春梦，也不愿意从中醒过来。所以，当面对分手的时候，人们是多么想要将时光逆转，从当前撕心裂肺的痛苦中回到以前的甜蜜。可是感情就像人的身体一样，会疲劳，也会生病。每一段感情都多多少少有些病症，只是有些比较轻、有些比较重。发现的时候，我们可以给它吃药、打针，甚至动手术，想尽办法要让它恢复健康。可是如果它已经进入了绝症的晚期，那又能怎么办呢？

分手的人，总会以为自己站

在了悬崖边上，不会再有人拯救自己，于是很多人那么轻易地就放弃了自己的生命，可是在这个离婚率越来越高的社会里里，谁不是在黑暗中独自舔舐自己的伤口，又在白天里坚强的欢笑？

宋丹丹说："时间是一种残酷的东西，它把曾让你心碎、让你长眠、让你坚定不移地确信永不更改的生活变成一个个梦，似真似幻，遥远而模糊，而人永远生活在今天，今天才是现实。"既然时间能够推走一切，那些曾经让你难过、让你心碎的情感也终究会成为一串记忆的风铃，那么，何不在面对的时候多一点坚强、多一点洒脱呢？

千里我独行，不必相送，更不必再用多余的暧昧牵绊住分离的脚步。遇到合适的人，尽管可能已经押上了自己的全部，可是当苦痛来临的时候，也要活出自己的坚强。

要挽回一个变心的人，有时候比重新爱上一个人更难。曾爱过的人放弃了我们，已经把我们推入痛苦的深渊，就别再指望他能发善心把我们给救上来。这个时候，最好的方法就是放下那根折断的稻草，重新抓住一根再爬上来。

要明白，死亡并不是对负心人最好的报复，放弃自己也不会赢得更多的怜悯。在面对新人的欢笑的时候，他早就把对你的内疚忘到脑后去了。如果我们想在负心人面前活得有点尊严的话，唯一的方法就是让自己更幸福！

不要在该动脑子的时候
动感情

图书在版编目（CIP）数据

不要在该动脑子的时候动感情 / 宿文渊编著 . —北京 : 中国华侨出版社 , 2018.3（2020.8 重印）

ISBN 978-7-5113-7496-7

Ⅰ . ①不… Ⅱ . ①宿… Ⅲ . ①人生哲学—通俗读物

Ⅳ . ① B821-49

中国版本图书馆 CIP 数据核字（2018）第 023545 号

不要在该动脑子的时候动感情

编　　著：	宿文渊
责任编辑：	刘雪涛
封面设计：	冬　凡
文字编辑：	胡宝林
美术编辑：	吴秀侠
插图绘制：	维大卡
经　　销：	新华书店

开　　本： 880mm×1230mm　1/32　印张： 8　字数： 200 千字

印　　刷： 三河市吉祥印务有限公司

版　　次： 2018 年 4 月第 1 版　　2020 年 8 月第 5 次印刷

书　　号： ISBN 978-7-5113-7496-7

定　　价： 35.00 元

中国华侨出版社　北京市朝阳区西坝河东里 77 号楼底商 5 号　邮编： 100028

法律顾问： 陈鹰律师事务所

发行部： （010）88893001　　　传　真： （010）62707370

网　址： www.oveaschin.com　　E－m a i l ： oveaschin@sina.com

如果发现印装质量问题，影响阅读，请与印刷厂联系调换。